民國文存

88

國民立身訓

謝無量 編

知識產權出版社

《國民立身訓》全書共包括"立志論""力行與勇氣""科學工藝發明家之模範""職業及處世""人格論""修養論"六編，從不同方面講述做人治事的標准和原則，其中既講故事說道理，又聯繫古今中外，不僅對民國時期的社會生活、青少年成長和人們的自我修養具有重要的教育價值，也對當代的讀者具有積極的啟發意義。

責任編輯：文　茜　　　責任校對：韓秀天
文字編輯：岳　帥　　　責任出版：盧運霞

**圖書在版編目（CIP）數據**

國民立身訓/謝無量編．—北京：知識產權出版社，2015.9
（民國文存）
ISBN 978-7-5130-3773-0
Ⅰ.①國⋯　Ⅱ.①謝⋯　Ⅲ.①人生哲學—通俗讀物　Ⅳ.①B821-49
中國版本圖書館CIP數據核字（2015）第219012號

**國民立身訓**
Guomin Lishenxun
謝無量　編

| | | | |
|---|---|---|---|
|出版發行：|知識產權出版社有限責任公司| | |
|社　　址：|北京市海淀區馬甸南村1號|郵　編：|100088|
|網　　址：|http://www.ipph.cn|郵　箱：|bjb@cnipr.com|
|發行電話：|010-82000860 轉 8101/8102|傳　真：|010-82005070/82000893|
|責編電話：|010-82000860 轉 8342|責編郵箱：|wenqian@cnipr.com|
|印　　刷：|保定市中畫美凱印刷有限公司|經　銷：|新華書店及相關銷售網站|
|開　　本：|720mm×960mm　1/16|印　張：|10.25|
|版　　次：|2015年9月第一版|印　次：|2015年9月第一次印刷|
|字　　數：|121千字|定　價：|34.00元|
|ISBN 978-7-5130-3773-0| | | |

出版權專有　侵權必究
如有印裝質量問題，本社負責調換。

# 民國文存

（第一輯）

## 編輯委員會

### 文學組

組長：劉躍進

成員：尚學鋒　李真瑜　蔣　方　劉　勇　譚桂林　李小龍
　　　鄧如冰　金立江　許　江

### 歷史組

組長：王子今

成員：王育成　秦永洲　張　弘　李雲泉　李塲帆　姜守誠
　　　吳　密　蔣清宏

### 哲學組

組長：周文彰

成員：胡　軍　胡偉希　彭高翔　干春松　楊寶玉

# 出版前言

民國時期，社會動亂不息，內憂外患交加，但中國的學術界卻大放異彩，文人學者輩出，名著佳作迭現。在炮火連天的歲月，深受中國傳統文化浸潤的知識分子，承當著西方文化的衝擊，內心洋溢著對古今中外文化的熱愛，他們窮其一生，潛心研究，著書立說。歲月的流逝、現實的苦樂、深刻的思考、智慧的光芒均流淌於他們的字裡行間，也呈現於那些細緻翔實的圖表中，在書籍紛呈的今天，再次翻開他們的作品，我們仍能清晰地體悟到當年那些知識分子發自內心的真誠，蘊藏著對國家的憂慮，對知識的熱愛，對真理的追求，對人生幸福的嚮往。這些著作，可謂是中華歷史文化長河中的珍寶。

民國圖書，有不少在新中國成立前就經過了多次再版，備受時人稱道。許多觀點在近一百年後的今天，仍可說是真知灼見。眾作者在經、史、子、集諸方面的建樹成為中國學術研究的重要里程碑。蔡元培、章太炎、陳柱、呂思勉、錢基博等人的學術研究今天仍為學者們津津樂道；魯迅、周作人、沈從文、丁玲、梁遇春、李健吾等人的文學創作以及傅抱石、豐子愷、徐悲鴻、陳從周等人的藝術創想，無一不是首屈一指的大家名作。然而這些凝結著汗水與心血的作品，有的已經罹於戰火，有的僅存數本，成為圖書館裡備受愛護的珍本，或成為古玩市場裡待價而沽的商品，讀者很少有隨手翻閱的機會。

鑑此，為整理保存中華民族文化瑰寶，本社從民國書海裡，精心挑出了一批集學術性與可讀性於一體的作品予以整理出版，以饗讀者。這些書，包括政治、經濟、法律、教育、文學、史學、哲學、藝術、科普、傳記十類，綜之為"民國文存"。每一類，首選大家名作，尤其是對一些自新中國成立以後沒有再版的名家著作投入了大量精力進行整理。在版式方面有所權衡，基本採用化豎為橫、保持繁體的形式，標點符號則用現行規範予以替換，一者考慮了民國繁體文字可以呈現當時的語言文字風貌，二者顧及今人從左至右的閱讀習慣，以方便讀者翻閱，使這些書能真正走入大眾。然而，由於所選書籍品種較多，涉及的學科頗為廣泛，限於編者的力量，不免有所脫誤遺漏及不妥當之處，望讀者予以指正。

# 序

將有曉於眾者曰："吾能使十尋之木，不根而榮茂其枝條；萬里之流，無源而奔放其支派。"自非迂塞狂瞽，未有或之能信焉者也。吾甚怪夫國民之欲躋隆盛媲歐美者，無復黼黻文章道德藝能之美，而競欲為是挾山超海之謀也。國之立以民，民之立以德。德勿修乎身，無以為是民；民勿足自立，無以成是國。故訓俗齊民，立身為尚。雖然，經禮三百，曲禮三千，而應時事之需要，順世界之潮流者，其軌範準則，猶復僕數難終。學者冥心力討，求與古會，有皓首而不能通一家言者。則欲家喻戶曉，施諸人人，雖有聖哲，其道實難，故莫若通之而已。事務易行，道屏高遠，匹夫匹婦之所易喻，而聖人豪傑之所不能盡至。地有中外，道無古今，合乎人情，衷於義理，推而行之，要各求其寡過為邦家之楨幹而已。是則此編之微旨也夫。是為序。

民國五年山陰史仲瑾

# 目　錄

**第一編　立志論** ········································· 1

　第一章　吾國立志古訓 ································· 3
　第二章　立志須先去倚賴性 ··························· 8
　第三章　立志者之成功及自覺 ························ 19

**第二編　力行與勇氣** ··································· 25

　第一章　力行論 ········································ 27
　第二章　勇猛精進主義 ································ 44
　第三章　堅忍論 ········································ 54

**第三編　科學工藝發明家之模範** ····················· 59

　第一章　中國工藝大家畧述 ·························· 61
　第二章　歐洲科學發明家畧述 ······················· 67
　第三章　工藝發明家 ·································· 71

**第四編　職業及處世** ··································· 79

　第一章　職業論 ········································ 81

| 第二章　惜時論 | 88 |
| 第三章　節儉論 | 94 |
| 第四章　誠實論 | 101 |

## 第五編　人格論　107

| 第一章　士君子之模範 | 109 |
| 第二章　禮儀論 | 117 |
| 第三章　人格之力 | 122 |

## 第六編　修養論　127

| 第一章　善惡之原理 | 129 |
| 第二章　修養雜論 | 136 |
| 第三章　靜坐與修養 | 140 |

## 編後記　145

# 第一編　立志論

第一編　立志論

# 第一章　吾國立志古訓

　　心之所之謂之志。天下之所以有事業者，人為之也。人之所以能成事業者，志為之也。志於大則所成者大，志於小則所成者小，無志則無成。記言先志。孟子言"尚志"，此就學者言之也。即推之百工商賈，欲創業成務，亦何嘗不賴乎志。志者，百事之所由生也，善惡之所由判也。人之求有立於斯世者，亦求其志而已，他何求焉？古之君子，教人志於善。故以志為達善之專名，橫渠言"志公""意私"是也。於是凡言立志者，大率以為作聖之幾。此在恆人，固宜歎其高遠如莫可及。然作賢作聖，在立此志；作一事一藝，亦在立此志。言之小者可以喻大，言之大者亦可以喻小。今於此篇，首列吾國立志古訓。非必如古之君子之教人，有騖於高遠也。蓋志本無二，古訓又不可悉沒，能觀其通斯可矣。此下所論，即大抵歸重事務，俾人可勉而至。古之論立志者極多，亦惟錄王陽明《立志說》及張稷若《辨志》二篇，略見其概要爾。

　　王陽明示弟守文《立志說》曰："夫學莫先於立志。志之不立，猶不種其根，而徒事培壅灌溉，勞苦無成矣。世之所以因循苟且，隨俗習非而卒歸於污下者，凡以志之弗立也。故程子曰：'有求為聖人之志，然後可與共學。'人苟誠有求為聖人之志，則必思聖人之所以為聖人者安在。非以其心之純乎天理而無人欲之私與？聖人之所以為聖人，惟以其心之純乎天理而無人欲，則我之欲為聖人，亦惟在於此心之純乎天理而無人欲耳。欲此心之純乎天理而無人欲，則必去人欲而存天理；務去人欲而存天理，則必求所以去人欲而存天理之方。求所以去人欲而存天理之方，則必正諸先覺，考諸古訓，而凡所謂學問之功者，然後可得而講，而亦有所不能已矣。夫所謂正諸先覺者，既以其人為先覺而師之矣，則當專心致志，惟先覺之為聽。言有不合，不得棄置，必從而思之；思之不得，又從而辨之，務求了釋，不敢輒生疑惑。故《記》曰：'師嚴，然後道尊；道尊，然後民知敬學，苟無尊崇篤信之心，則必有輕忽慢易之意。言之而聽之不審，猶不聽也；聽之而思之不慎，猶不思也。是則雖曰師之，猶不師也。夫所謂考諸古訓者，聖賢垂訓，莫非教人去人欲而存天理之方，若五經、四書是已。吾惟去吾之人欲，存吾之天理，而不得其方，是以求之於此，則其展卷之際，真如飢者之於食，求飽而已；病者之於藥，求愈而已；暗者之於燈，求照而已；跛者之於杖，求行而已，曾有徒事記誦講說以資口耳之弊哉！夫立志亦不易矣。孔子，聖人也，猶曰：'吾十有五而志於學，三十而立。'立者，立志也。雖至於'不踰矩，'亦志之不踰矩也。志豈可易而視哉！夫志，氣之帥也，人之命也，木之根也，水之源也。源不濬則流息，根不植則木枯，命不續則人死，志不立則氣昏。是以君子之學，無時無處而不以立志為事。正目而視之，無他見也；傾耳而聽之，無他聞也。如貓捕鼠，如雞覆卵，精神心思，凝聚融結，而不復知有其他。然後此志常立，神氣精明，義理昭著。一有私欲，即便知覺，自然容住不得矣。故凡一毫私欲之萌，只責此志不立，即私欲便退聽；一毫客氣之動，只責此志不立，即客氣便消除。或怠心生，責此志即不怠；忽心生，責此志即不忽；躁心生，責此志即不躁；妬心生，責此志即不妬；忿心生，責此志即不忿；貪心生，責此志即不貪；傲心生，責此志即不傲；吝心生，責此志即不吝。蓋無一息而非立志責志之時，無一事而非立志責志之地。故責志之功，其於去人欲，有如烈火之燎毛，太陽一出而魍魎潛消也。自古聖賢，因時立教，雖若不同，其用功大指，無或少異。《書》謂'惟精惟一'，《易》謂'敬以直內，義以方外'，孔子謂'格致誠正，博文約禮'，曾子謂'忠恕'，子思謂'尊德性而道問學'，孟子謂'集義養氣求其放心'。雖若為說不同，而求其要領歸宿，合若符契。夫道一而已。道同則心同，心同則學同。其卒不同者，皆邪說也。後世大患，尤在無志，故今以立志為說。蓋終身向學之功，只是立得志而已。若以是說而合'精一'，則字字句句皆精一之功；以是說而合'敬義'，則字字句句皆敬義之功。其諸'格致''博約''忠恕'等說，無不脗合。但能實心體之，然後信予言之非妄也。"

張稷若《辨志》曰："人之生也，未始有異也，而卒至于大異者，習為之也。人之有習，初不知其何以異也，而遂至于日異者，志為之也。志異而習以異，習異而人以異。志也者，學術之樞機，適善適惡之轅楫也。樞機正，則莫不正矣；樞機不正，亦莫之或正矣。適燕者北其轅，雖未至燕，必不誤入越矣；適越者南其楫，雖未至越，必不誤入燕矣。嗚呼！人之於志，可不辨與！今夫人生而呱呱以啼，啞啞以笑，蝡蝡以動，惕惕以息，無以異也。出而就傅，朝授之讀，暮課之義，同一聖人之《易》《書》《詩》《禮》《春秋》也。及其既成，或為百世之人焉，或為天下之人焉，或為一國一鄉之人焉；其劣者，為一室之人、七尺之人焉；至其最劣，則為不具之人、異類之人焉。言為世法，動為世表，存則儀其人，沒則傳其書，流風餘澤，久而愈新者，百世之人也；功在生民，業隆匡濟，身存則天下賴之以安，身亡則天下莫知所恃者，天下之人也；恩施沾乎一域，行能表乎一方，業未光大，立身無負者，一國一鄉之人也。若夫志慮不離乎鐘釜，慈愛不外乎妻子，則一室之人而已；耽口體之養，徇耳目之娛，膜外概置，不通疴癢者，則七尺之人；篤於所嗜，瞀亂荒遺，則不具之人；因而敗度滅義，為民蠹害者，則為異類之人也。豈有生之始，遽不同如此哉？抑豈有驅迫限制為之區別致然哉？習為之耳！習之不同，志為之耳！志在乎此，則習在乎此矣；志在乎彼，則習在乎彼矣。子曰：'苟志於仁矣，無惡也。'言志之不可不定也。故志乎道義，未有入於貨利者也；志乎貨利，未有幸而為道義者也。志乎道義，則每進而上；志乎貨利，則每趨而下。其端甚微，其效甚巨，近在胸臆之間，而遠周天地之內；定之一息之頃，而著之百年之久。孟子曰：'雞鳴而起，孳孳為善者，舜之徒也；雞鳴而起，孳孳為利者，蹠之徒也。欲知舜與蹠之分，無他，利與善之間也。'人之所以孳孳終其身不已者，志在故耳。志之為物，往而必達，圖而必成。及其既達，則不可以返也；及其既成，則不可以改也。於是為舜者安享其為舜，為蹠者未嘗不自悔其為蹠，而已莫可致力矣。豈蹠之聰明材力不舜若與？所志者殊耳。世之誦周公、孔子之言者，肩相比也；誦其言通其義以售于世者，又項相望也。周公、孔子之遺教，未聞有見諸行事、被於上下者，豈少而習之，長而忘之與？無亦誦周公、孔子，志不在周公、孔子也？志不在周公、孔子，則所志必貨利矣。以志在貨利之人，而乘富貴之資，制斯人之命，吾悲民生之日蹙也！志之定於心也，如種之播於地也。種粱菽則粱菽矣，種烏附則烏附矣。雨露之滋，壅培之力，各如所種以成效焉。粱菽成則人賴其養，烏附成則人被其毒。學不正志而勤其佔畢、廣其聞見、美其文辭以售於世，則所學於古之人者，皆其毒人自利之藉也。嗚呼！學者一日之志，天下治亂之原，生人憂樂之本矣。孟子曰：'士何事？曰尚志。'《學記》曰：'凡學官先事，士先志。'張子曰：'未官者使正其志。'教而不知先志，學而不知尚志，欲天下治隆而俗美，何繇得哉？故人之漫無所志，安坐飽食而已者，自棄者也；舍其道義而汲汲貨利不知自返者，將致毒於人以賊其身者也。自棄，不可也；毒人而以賊其身，愈不可也。且也，志在道義，未有不得乎道義者也，窮與達均得焉；志乎貨利，未必貨利之果得也，而道義已坐失矣。孟子曰：'欲貴者，人之同心也；人人有貴於己者，弗思耳。求則得之，舍則失之，是求有益於得也，求在我者也。求之有道，得之有命，是求無益于得也，求在外者也。'人苟審于内與外之分，得與不必得之數，亦可定所志矣。"

古之學者，並教人志在聖賢，故其為志尤高尚純潔。夫聖賢人倫之至，而所以致於聖賢，不外乎立志。則天下尚何事可不由立志而成者乎？志既定矣，持之勿失，斯往而必達，圖而必遂。今于吾國古訓，惟著陽明、稷若之說如此。

## 第二章　立志須先去倚賴性

　　不能立志，即不能立身。此身者我之身也，此志者我之志也，無志則身尚何存、我尚何存？雖生于世，猶之未生于世，更何事業之可成哉？故欲立志者，必先記憶我之人格，以我為主，以物為客；以我制物，不以物制我，有我斯有志矣。陸象山所謂"六經皆我註腳"，亦此意也。世人所以不能立志者，率坐忘我。不知禍福皆我所自為，而以己身幸福之未至，歸咎國家制度之未善也；不知有志者事竟成，而以業務之失敗，委之運命之不諧、機會之相左，或己之才力有未逮于人也。如是者皆倚賴性害之：不知倚賴自我，而別求可倚賴者于自我之外。人人懷挾此倚賴之意，則焉往而不墮覆者；人人棄其自我，則國族烏能生存者。故今之大病，即在忘我，亦反責此志而已矣。

　　反責此志，反求諸我，則我之獨立自主之精神，完全自具無待他求。所以得一身之自由，所以成社會之福利，無不在我。為學者伸此我而已，為治者伸此我而已。積我之力，以為國家社會之力；積我之個性人格之力，以為國家社會生存強盛之力。如是焉，而後可以達于文明之極軌。能立志者，惟知求助于我，不知求助于我以外。語曰："天助自助者。"此非空言也。故我為國家社會福利之本，非國家社會為我之福利之本。國家社會雖有良好之制度法律，而無與于我；人人能改善其我，卽國家社會無有不善。斯邁爾斯（Samuel Smiles）嘗論之曰："雖有最良之法度，不能與個人以實際之助，毋寧聽個人之自由，使得自行發達改善。斯策之上者。自來讀者，恆誤以人人之幸福安寧，賴國家社會之力以保持之，不知其實賴己身行為之力以保持之也。由于世人視法律之價值過重，以謂足為人類進步之主者，法律而已。今夫萬室之邑，三年或五年而選一二人焉以當立法部之任，卽使其人盡心稱職，究能自以其德行感化于衆者幾何？蓋政府之力，所以保障人民之生命、自由、財產者，恆為消極的，為有限的，而非積極的，非活動的。此其事至近日而益明。故法律之效，僅能使人民安享精神、身體上勤勞所得之成果，罕遇危害之事。至于欲惰夫自奮、奢者好儉、沈湎者絕酒，雖法律如何嚴峻，莫足以致之，全在一己之振厲克制而已。至是則法律之化窮，不如善習之力大也。"又曰："一國之政府，一國之人民之反影也。使政府之程度高于人民，則人民必引而下之，與己同列；使政府之程度低于人民，則人民亦必引而上之，與己同列。故一國法律政治之良楛，恆視人民之品性以為差，如水之有平，自然之道，不可得而越也。高尚之人民，卽適得高尚之政治；愚劣之人民，卽適得愚劣之政治。國家之價值與實力，存乎其制度者常少，而存乎其人民之品性者常多，此至確而無疑者也。所謂國民，不過合一國各個人之地位而名之；所謂文明，不過合一國男子、婦人、兒童、各個改善之社會而名之而已。"又曰："國民之進步，個人之勤勉、強力、正直之總額也；國民之退步，個人之怠慢、自私、惡德之總額也。吾人所痛心疾首、指為社會之害惡者，實而按之，大半皆吾人自身邪僻之行之所積而潰發者也。若欲徒恃法律之力，撲滅而根絕之，則暫絕于東者，必復茁于西。卽使變易舊形，且別呈新狀，以更為社會之害。蓋非其個人生活品性之根本改善，則所為社會之害惡者，終莫得而絕也。故最高之愛國，最高之慈善，不在改法律、定制度，而在激厲一國之人人，使各依于自由獨立之行動，以自向上改善而已矣。"斯氏之言如此。孔子曰："仁遠乎哉？我欲仁，斯仁至矣。"又曰："一日克己復禮，天下歸仁焉。"孟子曰："待文王而後興者，凡民也。若夫豪傑之士，雖無文王猶興。"有志者惟改善一己之品性，以造成國家之幸福；決不倚賴國家，以造成一己之幸福也。

或者又委之于運命，以為世間之事，皆運命所定，有非人力所能為者，吾人但當安命知足，不可有所強求；人生之吉凶衰王，❶ 冥冥中咸受治于命，而我不與焉。為此定命之說者，固亦有多少形而上學之根據，頗為古之學者所信。蓋自儒家、道家，其言雖有出入，就其形式上觀之，誠莫不謂命為夙定，惟墨子著《非命》之篇而已。今欲立志，則寧信意志自由，而不信運命。卽使有命，亦制之在我，而非別有主之者也。聖哲言命，大抵卽己之意志最高之表象；其意志彌強者，自信亦彌深。孔子曰："天生德于予，桓魋其如予何？"孟子曰："當今之世，舍我其誰。"釋迦初生，謂"天上天下，惟我獨尊"。其自信力如此，故能先天而天不違，所謂制命在我者也。制命在我，斯天地由我而位，萬物由我而育，宇宙在乎手，萬化生乎身；我之意志之外，無復有命，命卽我也，我卽命也。凡開物成務，以至盛德大業，皆自由意志之成功，而不聽命于其餘也。韋特爾（Whittier）之詩曰：

The tissue of the life to be

---

❶ "王"，疑為"旺"。——編者註

## 第二章 立志須先去倚賴性

We weave with Colours of our own,

And in the field of desting

We reap as we have sown.

人生之錦般其衆色兮，吾所自織也；

麗吾乎運命之田兮，自種而穫其實也。

後之言命者，則悉委之不可知之數，以人生萬事，咸聽命于不可知，而以為有一定不易者焉。夫人生萬事，既一定不易，斯人生之意義及價值，了無可言。安有意志？安用聖哲？凡國家社會事物云為一切可廢，人之道或幾乎息矣。墨子《非命》曰："執有命者言曰：'上之所罰，命固且罰，非暴故罰也；上之所賞，命固且賞，非賢故賞也。'以此為君則不義，為臣則不忠，為父則不慈，為子則不孝，為兄則不良，為弟則不弟。而強執此者，此持❶凶言之所自生，而暴人之道也！然則何以知命之為暴人之道？昔上世之窮民，貪于飲食，惰于從事，是以衣食之財不足，而飢寒凍餒之憂至；不知曰我罷不肖，從事不疾，必曰我命固且貧。若❷上世暴王，不忍其耳目之淫、心涂之辟，不順其親戚，遂以亡失國家，傾覆社稷；不知曰我罷不肖，為政不善，必曰吾命固失之。于《仲虺之告》曰：'我聞于夏人矯天命，布命于下。帝伐之惡❸'。此言湯之所以非桀之執有命也。于《太誓》曰：'紂夷處，不肯事上帝鬼神，禍厥先神禔，不祀，乃曰吾民有命。無廖排漏（孔書作罔懲其侮）。天亦縱之，棄而弗葆。'此言武王所以非紂執有命也。今用執有命者之言，則上不聽

---

❶ "持"，今本《非命》作"特"。——編者註
❷ "若"今本《非命》作"昔"。——編者註
❸ 今本作"帝伐之惡，龔喪厥師。"——編者註

治，下不從事。上不聽治，則刑政亂；下不從事，則財用不足。"又❶曰："昔桀之所亂，湯治之；紂之所亂，武王治之。當此之時，世不渝而民不易，上變政而民改俗；存乎桀紂而天下亂，存乎湯武而天下治。天下之治也，湯武之力也；天下之亂也，桀紂之罪也。若以此觀之，夫安危治亂，存乎上之為政也，豈可謂有命哉！❷故昔者禹、湯、文、武方為政乎天下之時，曰：'必使飢者得食，寒者得衣，勞者得息，亂者得治。'遂得光譽令問于天下。夫豈可以為命哉！故以為其力也。今賢良之入，尊賢而好道術，故上得其王公大人之賞，下得其萬民之譽，遂得光譽令問于天下。亦豈以為其命哉！又以其為力也。"又曰："今也，王公大人之所以早朝晏退，聽獄治政，終朝均分而不敢怠倦者，何也？曰：'彼以為強必治，不強必亂；強必寧，不強必危。故不敢怠倦。'今也，卿大夫之所以竭股肱之力，殫其思慮之知，內治官府，外歛關市、山林、澤梁之利，以實官府而不敢倦怠❸者，何也？曰：'彼以為強必貴，不強必賤；強必榮，不強必辱。故不敢怠倦。'今也，農夫之所以蚤出暮入，強乎耕稼樹藝，多聚升粟而不敢怠倦者，何也？曰：'彼以為強必富，不強必貧；強必飽，不強必飢。故不敢怠倦。'今也，婦人之所以夙興夜寐，強乎紡績織紝，多治麻統葛緒，捆布縿而不敢怠倦者，何也？曰：'彼以為強必富，不強必貧；強必煖，不強必寒。故不敢怠倦。'今雖無在乎王公大人貴，若信有命而致行之，則必怠乎聽獄治政矣。卿大夫必怠乎治官府矣，農夫必怠乎耕稼樹藝矣，婦人必怠乎紡績織紝矣。王公大人怠乎聽獄治政，卿大夫怠乎治官府，則我以為天

---

❶ "又"当为"下"，即《非命下》。——編者註
❷ 今本"豈可"前有"則夫"二字。——編者註
❸ "倦怠"，今本作"怠倦"。——編者註

下必亂矣；農夫怠乎耕稼樹藝，婦人怠乎紡績織紝，則我以為天下衣食之財將必不足矣。"墨子言執有命之害，最為深切著明，而以為治世足財，惟在強力不怠。則果在於志，不在於命也。

世俗往往信命，蓋無間于中西。英人之嘆數奇者，嘗曰："余若以鬻冠為業，則人必無首而生。"其言可謂悲矣！自近世學者，昌言意志自由，運命之說少衰。俄羅斯諺曰："徒嘆薄命者，愚蠢之鄰也。"人之貧困不能自立，大抵己身之荒怠謬失。有以致之，於命乎何尤？馬敦（Marden）曰："吾人雖生而自由，然尚信有一種之宿命，足以檢束吾人之行動者。要之，自由亦生而有，則自由固亦宿命之一部。"其云不可逃之天命，無異為此自由之自然限制而已，加之以智識、強力、精進之功，則運命自失其效。所進愈廣，所得之自由愈多。自由稟於天，惟吾所用。智識進一步，卽運命退一步。故人能決然解脫流俗所謂運命之束縛者，恆能成大功也。然則吾人惟當以意志戰勝運命。吾人之未來受治於意志，世界之未來受治於意志，而運命不與焉。凡委心任運，不知振作者，皆自賊者也。

然不能立志者，猶有說曰："人之所以能成大事業者，必其天才有以殊絕於人，非人人所可勉而幾也。吾輩智不若人，寧安分守己；若一切不自揣而高睨遠鶩，適足見笑而自黷耳。"其說似也，而實不然。孟子曰："堯舜與人同耳。凡聖賢豪傑，無非其勤勉不息之決心，有以優於人人，非僅恃其生知之天才也。人亦自暴自棄耳，一旦起而自厲，何遽不逮？"《中庸》曰："博學之，審問之，慎思之，明辨之，篤行之。有弗學，學之弗能弗措也；有弗問，問之弗知弗措也；有弗辨，辨之弗明弗措也；有弗行，行之弗篤弗措也。人一能之己百之，人十能之己千之。果能此道矣，雖愚必明，雖柔必強。"斯邁爾斯曰："將求最高之學問，亦不外由常法以得之，即常識、注意、惠心、堅忍等法是也，而非有賴於天才。卽天才之人，其所以求之之道，亦未有不循此常法者也。不世出之豪傑，蓋罕為信仰天才之人，率由日用常行之道，積堅忍之力以致之。故天才之定義，不過由常識而致於高明耳。"某教育家嘗曰："何謂天才？勉力是也。"伏士特（John Foster）曰："天才之於人，其力猶燃自身心中之活火也。"比豐（Buffon）曰："天才卽忍耐。"斯言諒矣！然則自勤奮自力之外，何所復得天才？程子論人氣質，以為天資高明者，不如天資沈潛者。蓋高明者或恃其穎慧，少乾乾之功，不如沈潛者用力自深，反能有得也。天才雖極卓越，使不加以黽勉之功，雖少年享有盛譽，終必覆敗。語曰："跬步不休，跛鼈千里；鍥而不合，金石可鏤。"有名之化學家達爾通（Dalton），或稱其為天才，卽力辨曰："吾非有天才，吾不過積尋常勤勉之道以得之耳。"歐洲學者多不認天賦有特別才能之說。福祿特爾（Voltair）曰："天才之與凡庸，其間相去不能以寸。"倍加里（Beccaria）以人人皆能為詩人、辨士，勒諾爾支（Reynolds）以人人能為畫家、彫刻家。至如洛克（Locke）、海維提斯（Helvetius）及狄德羅（Diderot）等，則以人之天才相等，甲所能為者，乙亦能效其法而為之。故不責己志之不立，而歸諸才性之有異者，是惰夫自諉之詞，賢者不取也。

凡倚賴國家，倚賴運命，倚賴天才之說，旣已一一非之矣。然尚有一說，足為立志之阻礙者，卽"機會"是也。世人或曰："吾雖能勤勉努力，而機會不至，亦末如之何？"古語所謂"雖有智慧，不如乘勢；雖有鎡基，不如待時"。此機會之說，亦運命論之變相也。斯邁爾斯曰："人若決心欲為何事，專注其精神以趣於一方，未有不能發見機會者。卽機會未具，亦決可進而自造機會。"羅韋爾（Lowell）曰："人初墮地，則其事業與之俱生。安有靦然為人，至於束手無事可為，而坐以靜待機會之至者乎？亦鼓其志氣以赴之而已矣。"故非人待機會也，機會實待人。善用之者，雖小機會而可以成大事業；不善用之者，直熟視大機會之至，交臂而失之。有志者其急起直追，以勿令機會之逝也。

夫一微賤之少女，其無成事業之機會固也。西歷千八百三十八年九月六日，黎明，英倫與蘇格蘭之海濱，守護海濱燈臺者之家，有一少女。夜為風濤之聲所驚覺。時狂風大作，水波山立，女之父母，用望遠鏡窺之。半里許外，有被難之船，簸蕩巖畔，歷歷見有九人懸身船桅欲墜，惟為風浪聲所亂，不能聞其呼救之音。其父喟然曰："慘哉！吾輩無可為力。"少女進曰："慘哉！吾輩必往救之。"至流涕力請於父母，必欲前往，既而父卒許之。乃自櫂小艇，衝驚濤，其恐怖之心，為救難之心所勝。終鼓其勇氣，至於船所，解九人入小舟之中，九人者免於難。中一人乃對少女言曰："上帝加福於君！然君固僅一英國之少女也。"夫此少女一時奮力之所為，其足以增進英國之光榮者，固猶勝於歷史中諸英國君主之勳業也。

夫一微賤之童子，尤無成名之機會可知也。大彫刻家嘉羅瓦（antonio Canova），幼時一廚下之傭而已。埃格來斯頓（Eggleston）記其事曰："意大利富豪發里羅（Faliero）將饗客，肆筵設席，衆具畢備。隸人與廚傭更陳佳果於筵間，而所必列之具，忽然破損。衆以其事告諸隸人之長，皆大驚失色。廚傭之少年，從容言曰：'公等苟聽余者，當別飾異物以代之。'隸人之長問曰：'汝何名？'曰：'余名嘉羅瓦，石工比沙羅（Pisano）之孫也。'然則咄嗟：'何以處此？'少年曰：'請姑試之。'乃亟取席間牛油，造獅子臥象，陳之案中。隸人之長，感嘆不措。於是衆賓俱集，並威尼思之顯貴與大腹賈也。且有精於美術鑑賞者，羣注目牛油所製臥獅，異口同聲，贊其巧妙。遂謂主人，何得名工，作此狡獪。主人詢諸隸人長，始諗廚傭倉卒所作，乃召而見於來實❶。此一筵頓以臥獅增色，賓主極歡。發里羅終資嘉羅瓦，使從名師，其技大進。"近數彫刻大家，無不稱嘉羅瓦者，而罕知其微時事也。以一廚傭之童子，猶能因其慧心，以為終身成業之機會，何為士君子而患無機會乎？凡以無機會為言者，皆志行薄弱者之遁辭而已。世間無時無地無立身成業之機會。俯拾卽是，人自不察耳。一僧正嘗告人曰："無論何人，其一生必有幸運來訪之時。惟幸運之來，當之者不知備禮以迎之，則入於門而復出於牖耳。"或過某彫刻家，見其所刻神像，中有一神，垂髮被頭，不見面目，而兩足傅翼。問是何神也。曰："是名機會之神。"曰："何故隱其面？"曰："為其來時人罕見之也。"曰："何故足有兩翼？"曰："為其一去而不可復追也。"然則機會雖流行於人事之間，非有志者亦莫能逢之。平時不勉厲，機會當前，冥然不覺；機會一去，又何從更得？世人之失敗，恆由不自振作，致與機會背馳，而怨機會之不我值，豈不謬哉？豪傑、偉人、富商巨賈，以一朝之決心，掌握驟至之機會，不肯稍懈，以成大功者，不可勝數，而文人亦有之。費爾滋（J. T. Fields）嘗記美國大詩家郎斐羅（Longfellow）與小說家侯爽（Hawthorne）之事曰："一日，郎斐羅與侯爽同飯。侯爽有一友，自撒倫（Salem）來，亦與坐間。飯後，此友語曰：'吾嘗勸侯爽為一小說，以一亞加底亞（Acadia）最流行之彈詞為本，而侯爽君不納。此彈詞中，敘一少女——富亞加底亞人離散之際——與其情人相失，旦夕悲淚欲求其情人所在，更數十年，杳不可得。後終覓得之，則臥於醫院之中，垂死病榻，而二人俱已老矣。此一至可閔之事實也。'郎斐羅怪此事實不為侯爽所采，乃謂侯爽曰：'君如決意不用此為小說之資料，何如遺余，試為詩詠之。'

---

❶ "實"疑當為"賓"。——編者註

侯爽許諾，且相約'郎作未出，侯爽不以此事入文'。"郎斐羅以一飯後之談助，而得一著名長詩之機會，其詩卽世界所稱之埃問格林篇（Evangeline 一名 Exile of the Acadiana）者是也。

窮通之機雖在一時，亦在平日勤勉以務職業，而後乃能遇之而有成也。世人每以功名富貴可僥倖而致，不知自造機會，此終不遇機會矣。機會之來固至捷，然常與意志強固之人相親，而與意志薄弱之人相遠。能立志，斯機會自在其中，何俟他求；不知立志而待機會，是惑也。馬敦曰："吾敢告天下之青年男女，何故當無為而玩歲愒日？豈大地在吾輩生前，已悉為人據有耶？豈地上生生不已之機已停息耶？豈凡可坐之席，可立之地，皆無我輩容足之地耶？豈國家之富源，已盡開闢耶？自然界之秘密，已盡闡明無餘蘊耶？豈竟無術以為吾輩人已交利之道者耶？抑當此生存競爭之會，而猶自安於固陋，將葆其過去陳腐之經驗於進化之世，以自阻其卓立之弘願耶？舍舊圖新者，旣無地不然矣。十年前之機器，轉眼卽為廢物矣。吾輩祖先之法式，日變月異，而代以新制度矣。昔所推有大功於世界之進步者，今皆視為老朽，飇同隔世矣。人生之戰，日劇一日。青年男女諸君，惟有預備強壯之手腕，真實之精神，以好自為之爾矣。生今之世，智識之進，機會之多，前古未有；袖手端坐，夫何為者？天旣生我以才能，與我以氣力，而尚仰天以待助乎？卽猶太民族，自念其進步為紅海所閼，上籲於天。天神亦惟詔之曰："汝勿悲嘆，汝自進而已。"盈世界中，待人而舉之事，何可勝數？人心之微妙，往往一言動間，能使同胞轉禍為福，竟成弘濟之烈。吾人用此能力，以其正直，以其熱心，以其堅忍，不患不能達於最高之善。況先有羣賢巨子，為之模範，以振起吾人勇往之心；且時時又有新起之機會，陳于吾人之前者哉。然則勿徒待機會也，造之而已。云何造之？如牧童斐爾格森（Fergusen），以玻璃管繫絲而實測天體；如斯泰芬孫（George Stepbenson），以白堊畫炭礦，研究數學之原則；如拿破崙，決行所謂不可能（Impossible）之事以百數；如其他之豪傑，當平世或當亂世，而各得其成功之機會。造之造之，人人當自造之，以盡力於其所欲為者。"雖有曠世一遇之機會，而無益於惰民；雖一尋常之機會，而在勤勉者往往能成非常之功也。"此馬敦《機會論》中之詞。其言固不僅以厲美國士人者，雖吾國進步遠遜西邦，而立志者居今之世，固不可不勉力於自造機會矣。

　　然則國家之法度不足恃，運命不足恃，天才不足恃，機會不足恃，立志而已，求己而已。

# 第三章　立志者之成功及自覺

　　前既論立志者之當去倚賴性矣。蓋人人皆可立志，無分於其處境之貧富也。豪傑之士，往往出身微賤。在吾國其例尤衆，不煩枚舉。茲略述西方之士，處貧苦而立志有成者。因申論立志者之惟在自覺於末焉。

　　夫貧賤憂戚，所以玉汝於成也。古今大科學家、大文學家、大美術家以及說教之巨子、濟世之名人，有出於望族，亦有出於編戶者，有起自學校，亦有起自田間者，蓋往往相半焉。其由賤而貴，由貧而富者，不可勝數也。大抵處境愈困，則自厲愈深；勤勞愈專，則成功愈大。斯邁爾斯嘗臚舉昔賢之自式微而顯者，今摘記其一二。如英之大詩家索士比亞（Shakespear），本屠人之子，幼時以梳獸毛為業，而其雜劇，冠絕古今。又詩人龐士（Burns）本為工人，戎孫（Ben Jonson）則為瓦工，一手持鏝，一手挾書，卒成名家。此外，如織工之中，有數學家西模孫（Simson）、彫刻家貝根（Bacon）、旅行家李温斯頓（Livingston）；靴工之中，有電學家斯塔錦（Sturgeon）、散文家德留（Samuel Drew）；縫工之中，有歷史家司脱（John Stow）、畫家哲克孫（Jackson）、美國總統安德留戎孫（Andrew Johnson）。又如，天文大家哥白尼（Copernicus）、奈端（Newton）皆傭隸之子。其餘自貧賤而有名於世者，所在而有。使諸子生富厚之家，亦未必成業如是之卓越矣。今更略述歐美名人，由貧困立志而聲施後世，見於載籍者如下。

昔、丹麥有兒童大會。一日，羣童並集，一少女容飾甚盛，誇言於衆曰："吾為貴族之子，吾父為宮中樞密官。凡此間名孫（Sen）者，皆出自賤族，吾輩惟當張臂推而遠之也。"有富商彼得孫（Petersen）之女，聞其言怫然作色曰："吾父能以百金市糖菓，若父亦能之乎？"又一新聞記者之女進言曰："吾父能書汝父之名，及人人之父之名於新聞紙，褒貶任意，高下在心，人莫不畏之。"是時有一童子，方供役廚下，竊窺戶外，以為使吾得為會中之一人，於願良足。蓋其父赤貧，且正名孫也。及與會諸人，各已長大，有數人過一邸宅，結構閎麗，美術充牣其中。訪其主人，則固十數年前戶外竊窺之少年，今為大彫刻家脫華德孫（Thorwaldsen）矣。此見於恩德孫（Hans Christian Andersen）所記。恩德孫蓋丹麥之文豪，靴工之子，而亦以孫名者也。

開多（Kitto）者，聾童也，家貧而欲游學於外。一日，力請於父曰："父無憂兒將為餓莩於外，且兒聞療飢之策矣。賀登脫人（Hottentot）能以少許之膠，延其生命至極餓時，則以繩束其軀，兒詎不能效之乎？況垣有橡實，野有蕪菁，草木之英，皆可果腹，何故憂飢也？"開多父日酗酒，自製靴以外無所能。然此聾童，竟成其學，為耶教經典有名之大學者焉。

克來翁（Creon）者，希臘時人奴也，而成大美術家，世莫不聞。當是時，希臘方勝波斯之軍，令於國中，惟自由民得習美術，奴隸習美術者，處死刑。克來翁處此威禁之下，獨不改其好尚、奪其志氣，潛習美術，終為當時彫刻大家斐的亞斯（Phidias）所稱，並見賞於佩利克里士（Pericles）焉。克來翁有妹曰克麗雷

（Cleone），見兄勤業不輟，畏其賈禍，日日請禱於神，且令克來翁處牀下室中，以竟其工。室甚闇鬱，克麗雷親供火燭。克來翁賴其妹之助，夜以繼日，乃成一絕精美術品。會希臘聯邦將開美術展覽會於雅典，會場在亞哥拉（Agora）。會中推佩利克來士為總理，亞斯巴西亞（Aspasia）副之。其審查員有斐的亞斯、蘇革拉第、梭福克利（Sophocles）皆精於美術，雅善鑒別。斯時克來翁之彫刻，累時冒險而成者，亦矗然陳於會中。觀者嘖嘖嘆羨，咸指為神品，而莫審何人所作，羣相疑怪，或曰："此殆必出於奴人。"克麗雷蓬首敝衣，適立其旁，不覺色變。執事者曰："此女知之，趣訊此女。"克麗雷忍嘿不答。佩利克來士曰："余執國之法，法不可枉，其投此女於獄。"語未終，克來翁進以身蔽克麗雷曰："請釋此女，此余妹也。余實彫刻此物，余實人奴也，犯罪在我。"言次，眉宇間露英邁之氣。眾大譁曰："投之獄中，投此奴於獄中。"至是，佩利克來士乃起言曰："眾靜聽之，如吾在是者，決不聽入此人於罪，吾當依亞波羅（Apollo）神旨以為裁判。此固國人所尊，而高於是等不公之法律者也。法律之大義，尤在發揮至美，美為雅典不朽之精神。卓哉此士，以身殉美，可不敬乎？是而罰之，何以建國？"於是進克來翁于前，亞斯巴西亞親以華冠冠之。

去今百五十餘年前，里昂開大宴會。席間賓客觀一古畫，其事關于希臘神話。互相爭辨，久莫能決。會主乃詢一侍者，使說此畫之意。侍者既一一辨解，考證精確，舉坐驚服。一客起向侍者作禮曰："足下曾學于何學校？"答曰："吾所歷學校至多，其居之最久，且得益最多者，卽艱苦之學校是也。"蓋其學皆自貧困中立志而自得之。此侍者何人？卽後日法國第一流之文豪，舉世傳誦其《民約論》之盧梭其人也。

美國波士頓之旅店，一日，有無名譽、無教育之二青年相遇，高談國事，踔厲風發。其所極口詆毀之制度，蓋為美國開國以來所建立。凡學者、政治家、宗教家及巨室顯族，舉無異詞者，此二青年乃不勝其狂愚，欲舉而革之，不啻與全國民之感情為敵，以求肆其意。真宜智者之所笑，而二青年不顧也。二青年者，一名龍德（Benjamin Lundy），一名嘉理孫（William Dovd Garrison）。龍德先于阿西阿州（Ohio）出一雜志，名曰 *The Genius of Universal Liberty*；每月徒步二十里，自赴印刷所，荷其所印雜志而歸，又徒步四百里外以分售之。及得嘉理孫之助，其勢益張。其營雜志于巴提莫爾（Baltimore），當時嘉理孫尤痛美洲奴隸之境遇，嘗目擊南部諸港販鬻奴隸，船市競賣，有同貨物。同為生人，而獨使之背鄉去家，終身為奴，情狀至慘，心恆念之。家固至貧，幼時不能入學校，獨慨然以此復還奴隸之自由為己任。至是，于其機關新聞之初號，唱立時解放奴隸之大論。世人無不駭怪者，遂坐違法下獄。時惟北方之韋特爾（John G. Whittier）深善其說，知嘉理孫貧，乃代償罰金，出之獄中，蓋在獄四十九日。非立伯思（Wendell Phillips）嘗論之曰：“嘉理孫時方二十四歲，已能矢不易之志，甘就罪戮不悔，以一少年而與全國民對抗矣。”嘉理孫在獄數十日中，猶不肯虛度時日，多所論著。出獄之後，又在波士頓一小樓上，出《自由報》。嘉理孫于波士頓極其窮困，無相知之友，而著文不輟。《自由報》第一號發刊詞有曰：“予當堅剛如真理，不撓如正義。予之一身，皆至誠所貫。予非有二舌，決不更為異說，決不退後一寸，冀天下必有聞吾言而興者。”此可以見嘉理孫之勇矣。於是讀者益惡之。南加羅里拿州（South Carolina）名士海因（Hayne）致書波士頓市長，詢《自由報》何人所作。市長答書，以為此間一極貧、乳臭之少年所為，但有一黑奴相助，不足措意。然此極貧、乳臭之少年，日日吐其言論，不肯稍息，漸有以震動一時之輿論。南加羅里拿州之警廳至縣賞千五百圓，以募告發密賣《自由報》者。佐治亞州（Georgia）議會亦懸賞五千圓，欲得嘉理孫而甘心焉。其時當局者之狼狽，於此可見。然言論之效，終有狂信者十二人，乘風雨之夜，于波士頓組識新英倫奴隸反對會，論者益大譁。有某女教師，許黑色少女數人入學，大為婦人社會所非，商人至同盟不與彼校貿易。暴徒于中夜毀其校舍，教師幾不免。嘉理孫及其同志，頻為暴徒之所襲擊。牧師拿甫佐易（Lovejoy）于嘉理孫新聞之被控有所辨說，旋為暴徒暗殺。蓋嘉理孫之言論，其犯眾難如此。然在北美深明公理之士，已不能無所動。至是，南北遂分二派，終以釀成南北戰爭。及至戰事既平，解放奴隸之事，竟得施行。蓋越三十五年，而嘉理孫之初志始達。大總統林肯招嘉理孫至，禮為國賓；土人羣歡迎之，奉以花環焉。

英國著名美術家馬丁（Martin），一日，僅餘一先零，往購麵包。主人喝曰："先零贗也！"奪還麵包于馬丁之手。馬丁悄然而歸。至廚下檢得往日之麵包皮嚙之，從事所業，一心不亂，卒成大名。馬敦曰："今世操縱世界之巨人，往往皆昔日貧賤之童子也。"英國某著述家，讀美國偉人傳曰："美國之偉人，恆產于蓑爾之茅屋，豈不異哉？"然則有志者固不為貧富之境遇所限也！此類見于載籍者極多，茲不過略述一二而已。

由斯以談，則立志者：不求助於國家，不求助于運命，不求助於天才，不求助於機會。凡一切貧苦患難，舉不足以限之，在我而已。胡德（Hoōd）之言曰："吾決然視我生如太陽，自生以至於死，猶自朝以至於暮，必使無一物不在光明之中。"嘉練爾（Carlyle）曰："吾人行日光中，常見黑影，此吾人自身之影也。為顯為晦，為

23

幽為光，為賢為愚，為貴為賤，皆所自為耳，夫何疑哉！人之所欲，天必從之；自然之象，亦與吾同其慘舒。吾心樂時，則鳥鳴花笑，觸處可悅；吾心悲時，則天高日晶，動輒成礙。悲樂在我，而物隨而轉移；天地之間，無不在我。我欲樂則得樂，我欲悲則得悲，我欲惡則得惡，我欲善則得善。能覺我性，何志不立？何事不成？凡未來世，皆吾人今日之心所造；今日之決心，即將來之運命也，將來之豫言也。有大志者恆有大功，但開拓一己之心胸，無以戚戚為也。」休息日之夜，恩德留（Andrew）問其門人羅伯曰：「子於日間，遊行何許？」羅伯曰：「吾行白壠（Brown）之原，經嘉布（Camp）之山麓，但涉荒草，不見人影，茲游殊不懌也。」又門人威廉歸，先生曰：「子游何許？」曰：「吾亦行白壠之原，經嘉布之山麓，吾未有如今日之游樂也。吾始行其原，麥穗搖風，芳草迎步，翳彼珍木，間擷新花。見一鳥傷翼，思逐而捕之，失足池中，舉體皆濡，鳥亦逝矣。道旁老翁，為爇薪，炭濡衣復燥。乃陟高山，弔前古之戰場，攬天地之寥廓；意致酣暢，然後歸也。」恩德留見羅伯與威廉同出一途，威廉所得甚多，而羅伯一無所見，乃憮然曰：「有是哉！一人開眼以行于世，一人行于世而合其眼。舟人之子，所歷半天下，但能識酒樓之榜，及所至之酒價而已。庸人遍游歐羅巴，而無一物焉槧乎其心；智者涉足鄉閭咫尺之間，而隨在有所得以自樂。威廉識之，其自今益善用汝眼；羅伯識之，其知所以用汝之眼也。」至後，二子皆卒以有成。夫眼，人人之所同有也，而有見不見；心，人人之所同有也，而有覺不覺。人生一也，而成材之高下萬殊，無不自己求之者。人身如一荒園，心如園丁；園之茂美，在乎園丁。人之自由，在乎方寸，故立志者先貴自覺也。

# 第二編　力行與勇氣

第二編　力行與勇氣

第一章　力行論

# 第一章　力行論

　　學者，所以行之也；學而不能成行，無貴為學矣。故王陽明論知行合一，未有知之而不能行者；知而不能行，只是未知。此不獨學問為然，凡事皆爾。古今成大業、垂令譽于後者，無不由于力行之功，勤勉服習，不至于其鵠不已。然其要惟在一心，先能制得此心，則百事可為；一心尚把捉不定，則昏惰之氣中之所如必敗矣。故力行者又首須克己。蓋自見之謂明，自勝之謂強；既明且強，何求不得？曾子曰三省其身。管寧嘗一日科頭，三晨晏起，以為終身憾事。許魯齋避亂，嘗以暑月過河陽，道喝❶甚。道旁有梨，衆爭取啖，魯齋獨危坐樹下自若。或問之。曰：“非其有而取之，非義也。”人曰：“世亂無主。”曰：“梨無主，吾心獨無主乎？”吳康齋躬耕刈禾。鎌傷厥指，康齋負痛曰：“何可為物所勝！”竟刈如初。西哲楷脫（Cate）謂平生有三大恨事：嘗以一密事泄于其妻，一也；有為陸行可達之途，而曾取海道，二也；嘗空過一日，無所事事，三也。豪傑之士，必各有其克己之方，雖取義不同，而同以能自勝為主。惟能自勝于內，故能發名成業于外。世徒見其力行卓絕之概，以為難及，不知其操存之有本也。

---

❶ 疑為“渴”之誤。——編者註

夫惟操存有本，則其應事之精力，自越于恆人。然所謂力行者，非空言也，非必高遠難知之事也，亦惟就人間日用常行者加之意而已。人間日用常行之道，能教人增其奮發之實力。人雖終身受教于小學、中學、大學，而尚有不足語此者。希來爾（Schiller）所謂人類之教育有非學校教育之所能盡者是也。吾人卽人生日用之道而深察之，隨處可得克己自修之方。與利人及物之義，大抵積之以經驗，反之于己身乾乾不息，則無時無地，不足以見力行之效。若夫就一學術、一事業之專精不懈，終底于成者言之，其力行之功，亦不外于勤勉有恆。雖薄技小數，能致其巧，亦斷非媮惰者所能達。至于富傾郡縣，名滿天下，智周萬物，功濟海內，若而人者，其才望聲勢所由來，尤莫不賴勤勉之手足與勤，勉之腦力。此勤勉之手足，勤勉之腦力者，父不能傳之于子，子不能受之于父，全在人人自盡其力而已。

勤學之人，自古多有，往往起自孤寒，刻苦自屬，卒成儒宗。董遇少孤貧，性質訥而好學。漢末，關中擾亂，與兄采梠負販，而常挾持經書，投間誦讀，後為大儒。王育少為人牧羊，每過小學，必歆歔流涕。有暇卽折蒲學書，忘而失羊，為羊主所責。育將鬻身以償，同郡許子章聞而嘉之，代育償羊，給其衣食，遂以學顯名。皇甫謐少不好學，游蕩無度，人以為癡。出後叔父，其叔母任氏，責之至流涕。謐素孝，乃感激，就鄉人席坦受書，勤力不懈。居貧躬自稼穡，帶經而農，博通典籍百家之書，遂成大儒，學者號"玄晏先生"。劉孝標家貧好學，自以少時未能早悟，晚更厲精。從夕達旦，或時昏睡，蓺其鬚髮，及覺復讀。以是明慧過人，博極羣書，文藻秀出，南北學者，莫與為匹。祖瑩八歲卽耽書，父母恐其成疾，禁之。瑩於灰中藏火，候父母寢後夜讀，仍以衣被塞窗，恐為家人所覺。內外親屬，呼為小聖兒。後長，名位顯達。范文正公少時，食貧

## 第二編　力行與勇氣

### 第一章　力行論

力學。有讀書帳，為燈煙所熏，頂色如墨。及顯達後，夫人持此以示子孫。邵堯夫讀書於百原山中，冬不鑪，夏不扇，夜不就席者，三年。張橫渠謁告西歸，終日危坐，左右簡編，俯而讀，仰而思，有得則識之。或中夜起坐，取燭以書。劉蕺山曰："古人當困窮之時，又際離亂之鄉，謀生且不暇，猶然矢志不輟。今世冑之子，父兄在上，師傅在前，春秋方富，日月正閒，無雜務以經其慮，無衣食以累其心，而偏不好學，真天地間大罪人也！仰負日月，內負父師，清夜自思，能無愧悔？"吾國勤學成名者至眾，茲略述一二而已。

夫為學之勤勉，不僅在於諷誦，而又在於有深湛之思。孔子曰："學而不思則罔，思而不學則殆。"故學必與思交資。所謂勤勉，非徒在外，尤必內有勤勉之腦力也。奈端為曠代之大學者，或問其依何方法，多所發見。曰："吾能深思而已。"又嘗自述其勤學之要，曰："吾於事物有所疑者，則堅識之不敢忘，徐則漸有所見矣，又徐則昭然若發矇矣。必俟其全體渙然冰釋，怡然理順而後止。此吾所以勤學之要也。"蓋勤學不可兼營並進，格此物未通，不可又格他物；窮此理未達，不可更窮他理。必逐件格去，循序旁及，是真能勤學也。愛博則情不專，雖終日勞苦，所得必尠矣。

孔子曰："學而時習之。"蓋習慣則如自然。勤勉者，即時習之功也。吾人最宜養成習勞之性質。人能習勞，則處世較易。習之奈何，亦於其事反復之又反復之而已。反復習而不已，無論如何難事，皆不見其難。英之大政治家羅伯比耳（Robert Peel），其始亦不過中人之材，而為英倫上院辦說第一之人物。先是，羅伯比耳兒時，其父每教其背誦禮拜日之說教詞。始以為苦，久而純熟，反復不已，辨才遂增。眾每見其出席議會，屢折政敵之口，而不知其自幼已積服習之功也。服習之久，則雖瑣細之事，而可以通於神明，冠絕天下。庖丁為惠文君解牛，手之所觸，肩之所倚，足之所履，膝之所踦，砉然嚮然，奏刀騞然，莫不中音；合於桑林之舞，乃中經首之會。君曰："譆，善哉！技蓋至此乎？"庖丁釋刀對曰："臣之所好者，道也，進乎技矣。始臣解牛之時，所見無非牛者。三年之後，未嘗見全牛也。臣以神遇而不以目視，官欲止而神欲行。依乎天理，批大郤，導大窾，因其固然。技經肯綮之未嘗，而況大軱乎！良庖歲更刀，割也；族庖月更刀，折也。今臣之刀，十九年矣，所解數千牛矣，而刀刃若新發於硎。彼節者有間，而刀刃者無厚；以無厚入有間，恢恢其於游刃必有餘地矣。雖然，每至於族（讀作腠），吾見其難為，怵然為戒，視為止，行為遲，動刀甚微，謋然已解，如土委地。提刀而立，為之四顧，為之躊躇滿志。"孔子觀於呂梁，懸水三十仞，流沫三十里，黿鼉魚鱉之所不能游也。見一丈夫游之，以為有苦而欲死者也，使弟子並流而承之。數百步而出，被髮行歌而游於塘下。孔子從而問之曰："呂梁懸水三十仞，流沫三十里，黿鼉魚鱉所不能游。向吾見子蹈之，以為有苦而欲死者，使弟子並流將承子。子出而被髮行歌，吾以子為鬼也，察子則人也。蹈水有道乎？"曰："亡，吾無道。吾始乎故，長乎性，成乎命。與齊俱入，與汩皆出，從水之道而不為私焉。此吾所以蹈之也。"孔子曰："何謂始乎故，長乎性，成乎命也？"曰："吾生於陵而安於陵，故也；長於水而安於水，性也；不知吾所以然而然，命也。"仲尼適楚，出於林中，見痀僂者承蜩，猶掇之也。仲尼曰："子巧乎？有道耶？"曰："我有道也。五六月纍垸二而不墜，則失者錙銖；纍三而不墜，則失者十一；纍五而不墜，猶掇之也。吾處也，若橛株駒；吾執臂，若槁木之枝。雖天地之大，萬物之多，而唯蜩翼之知。吾不反側，不以萬物易蜩之翼，何為而不得！"孔子顧謂弟子曰："用志不分，乃凝於神，其痀僂丈人之謂乎！"此雖出於莊、列寓言，然世之所謂絕技，固亦不外勤勉服習之功矣。

維阿靈（Violin）者，樂器之小者也，幾爾的尼（Giardini）善之。或問之曰："學幾何時，則能善此矣？"答曰："一日學十二時，須學二十年，殆庶幾善之乎。"西方女子人人能為跳舞者也，達略尼（Taglioni）之學之也。日習二小時，其父督之至嚴。一日，憊甚，氣絕，父為解衣，取海縣遍拭其體乃蘇。故遂以善舞名於世。夫小技而猶如此，況以絕一世之學、高一世之功，有不積其勤力而僥倖成之者乎？故凡為一事，當孳孳不倦，而不生厭惡之心；其勞愈甚，其心愈樂。惟能自得其樂，其勤勉乃足持久。知其樂而愛其味，斯有恆心；若以為苦，便棄之矣。當知勤勉為最大之職分，忍耐為最大之天才，作聖之功亦不過純亦不已。進銳而退速，始勤而終惰，極是性質之病。儒教惟在變化氣質，耶教惟在治人情性（英國某僧正之名言曰："耶教十分之九皆治人情性。"），去其惰性，守其恆心，樂所業而不疲，是謂力行矣。

比豐（Comte de Buffon）者，即常云"忍耐即天才"者也，蓋為法國最大之博物學家。方其少時，亦中材耳；家本中資，顧不逸樂，惟學之為務。然思想鈍滯，悟性極遲，又身體素弱，每致晏起。常欲力矯晏起之習，免費時於床褥之間，詔其僕曰："汝能每晨於六時前醒我者，每日賜汝銀錢一枚。"僕如其言呼之，始則或云有疾，或至怒罵，堅臥不起。僕欲得錢，則日日呼之，終不肯起。一日，其僕思得一策，每晨盛冷水一盤，潛置其被底，比豐輒驚覺，至是遂能早起。嘗告人曰："吾所著博物書，有三四卷，實賴吾僕之力所成也。"比豐每日日課，自九時至午後二時，夜課自五時至九時，未嘗少懈，四十年如一日。其勤勉有恆如此。後之作傳者贊之曰："比豐以勞作為至要不可缺，以學問為至樂不可喻。及其學之既成，猶曰：'若加我數年，我於學則庶幾彬彬矣。'平生為文，意有未安，不憚數加改竄。所著《自然之研究》（*Epoque de la nature*）一書，凡十一易稿。比豐治事極有秩序。每謂'人雖有天才，而無秩序，則其天才恆失四分之三之力'。其所以為一代作者，實由勤勞與專一而得之者也。"馬丹來開爾（Madame Necker）評比豐曰："彼蓋深信於一事精審不懈者為天才。常自述其著文之甘苦。初稿甫就，精力已大憊，然必更審覈一過；即使自信篇中已無賸義，亦不肯輕置，必修正至於毫無遺憾，其心始安。不以為苦，且以為樂也，其自強誠不可及矣。"

斯各脫（Sir Walter Scott）者，蘇格蘭之大文豪也，所著詩歌小說最多，學者至今誦之。其勤勉有恆，亦非常人所能及。斯各脫初傭書於某法律事務所數年，其事雖極不足道，而自是養成勤勞之習慣。晝則從業，夜則力學。當時每為抄錄一葉，得直三辨士。斯各脫一日能寫百二十頁，得直三十先令。稍稍以其餘買書物，入夜誦之。斯各脫晚年，嘗自詡為事務家，而譏世之文人，不能治事。以為每日以若干時用於實務，亦足增長人之能力，非為無益也。後為埃丁伯甫（Edinburgh）議會書記。每早餐以前，則從事文學著述；早餐以後，則至議會治簿書。蓋其一年之間，費於實務之時，恆居其半。生計之資，必仰給於事務，而不仰給於文章，為其立身之定義。賣文所得，惟儲備不時之需而已。斯各脫每日行事，不愆定晷。晨間五時，即自起篝火，理髮整衣。六時，據案為學著文。案上書籍，秩列不亂，一愛犬臥守其旁。至九時十時，家人請會食，而斯各脫一日之課已畢矣。平生勤勉自勵，故著述極富。治事而不奪修學之功，尤為文人所難能矣。

夫勤勉之性，非必人人所生有，但一朝決心，痛自砥厲，氣質自能改變。故頑童悔過，後以立名成學者多矣。撒謨德留（Samuel Drew）之事，卽其例也。撒謨德留，剛瓦（Cornwall）人也。父以傭工為活，有二子，德留為季。家雖貧，猶遣二子入鄉塾，每週才學費一辨士耳。德留兄曰雅伯（Jabez），頗好學。德留既愚鈍，喜逐羣兒為惡戲。八歲，其父使之給事一錫曠，日得一辨士。十歲，又去為靴工，大苦之。雖甚少，然竊慕為海賊，曰："苟得間者，吾將逝矣。"羣童或掠鄰人園果，德留恆為之魁，更好游獵私販等不法之事。年十七，欲入軍艦，未果，乃於蒲來莫斯（Plymouth）附近，自營製靴業。德留故習拳棒甚精，益與村人之為私販者相結，同食其利，每以船舶私運貨物。一夕，船至。德留與其黨駕小艇以逆之，遇大風舟覆，落水幾死。自是潛歸寓所，深自悔艾，折節為善人。父念其誠，仍使為製靴業。聞牧師博士克來克（Adam Clarke）說教，大有所感悟，會其兄病卒，悲恨益深，乃發奮讀書。然游蕩既久，於昔日所學，了不省憶。修學七年，而字極拙惡。一友評之，以為如蜘蛛點墨行紙，而德留勤勉不衰。後，嘗自述曰："方吾之學也，讀之愈多，愈覺吾之愚；既覺吾之愚，則讀之愈力，不勝吾之愚不止。凡有暇晷，皆用以讀書。然本恃勞作為活，暇晷至少，吾絕不以此自沮。每食時卽陳書於案，口食而目誦；食畢率盡五六頁，以此為常。一日，讀洛克（Locke）之《悟理論》（*Essay on the understanding*），大好之，始有志于哲學。曰："醒吾之醒夢，而使吾棄樊籬之觀，以翔于寥廓者，惟此書也。"德留立志欲以己力設一肆，其實所有乃不越數先令。德留曰："是足以舉吾事矣。"其人固誠實不妄，鄰人乃奉之以金。德留納焉，不逾年悉償之，無所負。德留至是益刻苦，決意不假人一物，惴惴恐不副所戒；遇匱乏時，輒夜不舉火，枵腹就臥也。然其獨立之志，終由勤儉而成。又好學不勌，博涉天文、歷史、哲學之書，尤致力於哲學。曰："吾知哲學為多荊棘之途，然吾固斷然出於其路而不畏也。"久之，德留所造日深，遂為地方傳道師。又熱心政治，村人之好為政談者，頻集於其家，相與上下議論國之大事及民生利病。德留亦喜就諸，為政談者游；然不免奪德留治業之時，則往往中夜勞作以補之，村中皆知德留之存心經世矣。一夕，德留方持槌擊鞾底，一童子在戶外呼曰："靴工乎？靴工乎？白日閒游，夜乃操作乎？"會有友過德留，德留語之。友人曰："何不追童子而捉之乎？"德留曰："否否，吾雖聞大礮震耳，未必有所驚；獨聞斯言，不覺槌鞾之墮於手也。因自省曰：'誠然誠然，吾將不使汝復有此言。此殆天所以詔我，我知過矣。自今以往，凡今日所當為之事，決不委之於明日；凡當勞作之時，決不廢之於游惰。'"至是，德留不復談政治，一意業務，有暇則讀書；然以業務為第一事，決不移業務之時以讀書也。德留既娶，妻仍患貧，思徙居美利堅，顧為業務所羈。其於文學，始則為詩歌，今所存尚有涉於靈魂不死之玄義者。德留無書室，以庖廚為書室，而以其妻之風箱為几案。兒啼聲與誦讀之聲相雜，德留行歌著文其間不輟也。是時，美國作者彭因（Paine）《理性時代》（*Age of Reason*）之書方出，頗為世所傳，德留辭而闢之。後嘗曰："我之著書，實彭因之《理性時代》啟我也。"自後，多所著述。久之，乃出《靈魂不滅論》，世大重之。其時尚設製靴肆也，鬻其稿得二十鎊，在當時已為重價矣，屢經再版。後又主宗教雜誌，時時出他書，多行于世。晚年自贊曰："余起自微賤，所以得有今日者，蓋由正直、勤勉、節儉，而以道德自任也。天蓋嘉余之志，而使余終有所成也。"德留晚年蓋輟工作，而從文事矣。

　　曠代之名著，所以流傳不朽者，蓋多作者畢世覃精而成，非苟

## 第二編　力行與勇氣
### 第一章　力行論

然而可獲盛名也。哀笛孫（Addison）之為《旁觀報》（*Spectator*），先預備材料，盈三巨冊；奈端之撰《年代錄》，凡十五易稿；嵇朋（Gibbon）之《備忘錄》，凡九易稿；侯模（Hume）著《英國史》，一日之中，從事鈔錄者十三時；孟德斯鳩以其所著書之一篇示友人曰："吾子讀之，頃刻而已終，吾之勞心於此者，則髮亦既白矣。"賢者之於學也，其所得益深，則自視益欿然不足。一生，自大學畢業，往辭其師曰："吾已畢業矣。"師曰："若果已畢業耶？若吾則方始業者也。"奈端已學成卓絕如此，猶自語曰："余之學不過拾海濱之螺蛤，至於真理大海之浩瀚無際者，吾固未得問津也。"好學之人，尤不可忽小事；天下真理，每於瑣屑不經意處見之。凡一絕技，其所以勝人，每在一二小處；真所謂精微，正要用力也。奈端見蘋果墜地，而悟地有吸力；博士楊格（Dr. Young）見鹼水發泡，而悟光線斜行之理。此蓋由平日積理至深，乃能遇事有觸，雖小事亦必致其格物之功，不肯輕易放過。可見古人之勤，易得開悟之機也。畫家威爾孫（Wilson）作畫，自始至終，不過規橅尋常粉本。大致已就，乃執筆凝視，略加一二點染，遂為神品。安日洛（Michael Angelo）為意大利名工，嘗雕一像已成矣，其友再過之，而仍治此像也。怪而問之，曰："余修飾之，潤色之，柔其形，暴其筋，翕其脣似欲言，直其肢似欲動，吾所以再治之也。"客曰："嘻，是小事耳。"曰："集諸小事則完其全體。能完其全體，非小事也。"夫不勤則莫精，不精則莫足為勤；既精既勤，又何加焉？

英國大雕刻家弗拉格門（John Flaxman）家故貧，其父設肆售泥型於人以自給。弗拉格門幼而體弱，不能行步，常倚枕，臥店櫃後，作畫學書自遣。牧師馬若士（Mathews）者，慈祥人也。一日，過其肆，見弗拉格門方讀書，取而視之，曰："此非子所宜讀者，吾且持佳書與子。"他日，以霍馬（Homer）詩及《嵇叔傳》（*Don Quixote*）之譯本來，弗拉格門讀而大好之。雖萎弱，然誦此神怪游俠之事，懷躍躍不能已；私慕武勇，以英雄自負。初為畫，極粗劣。其父嘗誇示雕刻家路比力克（Roubilliac），路比力克忍俊曰："嘻。"弗拉格門聞之，益從事於畫不輟，漸以灰蠟粘土塑像。今猶有藏其幼作者。少長，穎慧絕人，體氣日碩健。始猶杖而後起，久之，不須杖矣。馬若士見弗拉格門能起，要之於家；其妻為講釋霍馬及米爾敦（Milton）之詩，又授以希臘、拉丁語。弗拉格門習之至勤，且時時作畫，取霍馬詩中事為畫題而圖之。及年十五，入美術學院。雖性至靜退，未幾，卽嶄然露頭角，名出諸生上，人人皆望其大成。是年，得銀牌獎。翌年，為當得金牌獎之候補生。已而，金牌為他一生所得。弗拉格門才故高，一為人勝，志氣愈壯，告其父曰："待之，吾必冠吾曹也。"自是，弗拉格門益孜孜修業不倦。會其父所設之泥型市恆不售，家益落，弗拉格門決然為己任，割其為學之時日，佐父治事。棄霍馬而躬坏墁，意自若也。彌與勞作相習，有以增其忍耐之力；終日勤勉，不以為苦。有威得吾（Jasiah Wedgwood）者，著名之陶工也。見弗拉格門之畫，大激賞之，乃請弗拉格門為多出圖樣，將製新式之陶器。以天才如弗拉格門，宜鄙夷不屑，然弗拉格門立應其請。蓋藝術之士，雖於模寫茶具水瓶之事，亦非所能遺也。世人每以一技自矜，必累千金，始肯為富人作一畫。究之，徒供一人一家之玩，於世何益？若用心於人生常用之器，寓其高尚卓犖之志，使之日陳於人人之前，以為箴規啟迪之助，則其為教至切，為利至溥，技也而進於道矣。此固大美術之所為發奮也。方是時，陶器多苦窳，圖畫亦粗劣無深意，於是弗拉格門乃盡力以為威得吾謀。威得吾遍致自古以來陶器之可得者，列而使弗拉格門觀之，相與準形定式。弗拉格門所出之圖樣，有取之古詩中者，有取之歷史者，如博物館中所陳之埃脫拉斯干（Etruscan）古瓶，亦多用以為式。當時司脫亞特（Stuart）所著之《雅典》一書，新出于世，中頗有希臘古器標本，為弗拉格門之助者不少，故其圖樣新穎無比。弗拉格門深以此為一大事業，無異一種社會公衆教育。後恆用自誇，蓋旣因是使平日懷抱之美感，普及于世，又得自濟其貧陋，而增進其友威得吾之業務，真一舉而備數善也。西歷千七百八十二年，弗拉格門年二十七，始娶妻曰安戴孟，賃屋與父別居。安戴孟好詩歌、美術，高尚純潔之女子也。結婚之後，伉儷甚篤；從事勞作，精神益王。❶ 一日，遇畫家黎諾爾支（Beynolds）于途。黎諾爾支固當時藝術界之前輩，美術學院之院長，而終身不娶者也。問弗拉格門曰："聞子已娶婦，果然，則子敗矣，不復能為美術家矣。"弗拉格門遽歸家，坐于妻側，執其手曰："吾敗矣，吾不復能為美術家矣。"妻曰："誰敗子者？"弗拉格門以黎諾爾支之語告之。蓋黎諾爾支夙為弗拉格門言，凡欲為美術家者，必屏去一切，自朝至暮，不以他事經心，而一意于美術，且當躬至羅馬，縱觀那斐勒（Raffaelle）、安日洛（angelo）之名作，而後可庶幾于有成。弗拉格門固已習聞其說者也。至是弗拉格門毅然起立，自聳其短小之軀曰："余必將為大美術家。"其妻亦曰："子必將為大美術家，且必至羅馬，以副子之遠志也。"弗拉格門曰："然則若何而可？"妻曰："勉力勞作，勉力節儉而已。余不甘令人謂安戴孟敗汝事也。"於是二人如約，加意勤儉，以備為羅馬之游。將行，弗拉格門謂妻曰："卿必與我偕往羅馬，無令彼院長（指黎諾爾支）謂娶妻敗吾藝也。"蓋

---

❶ "王"，疑為"旺"。——編者註

弗拉格門之蓄志遠游，于是五年矣。此五年中，居于瓦德街（Waraour Street）之陋屋，無一息而忘羅馬之志。不妄用一錢，日儲所餘，以為將來之旅費。然未嘗言其志于人，亦不希美術學院之助，惟自信一己勤勞之力，可以達之。在此期內，其所雕像最少，以無資購文石。時為人建紀念碑，及佐威得吾，賴以自給，積五歲終得成行。既至羅馬，勵精勉學，間臨摹古畫以鬻于市。英人之旅是邦者，時求其畫。或為摹霍馬及唐特（Dante）詩中之事，每幅率僅得酬金十五先令。顧弗拉格門非徒慕酬金，將資以習美術，雖金少亦不較也。然其畫出，輒為賞鑑家所稱美，聲譽鵲起。及將去意大利而歸倫敦，弗羅蘭斯（Florence）及卡拿臘（Carrara）之美術學院仰其名，並推為會員。至還倫敦以後，踵門相請屬者，日不暇給。嘗為孟斯斐德卿（Lord mansfield）造紀念像，宏壯嚴肅。雕刻家本克斯（Banks）過而觀之曰：「此短人出，吾輩皆在下風矣。」（弗拉格門軀幹短小，故云）于是弗拉格門舉為倫敦美術學院之會員，且教授于院中。以一泥型肆主人之子，而卒為一代美術大家，亦不過由勤勉之力，以戰勝困苦耳。

弗拉格門佐威得吾改良陶器，既已述之矣。然威得吾亦有志人也。其資于弗拉格門者，圖樣耳。至于製煉之巧，使磁質純白，冠絕前此所有，則威得吾自得之力為多。威德吾，極貧而又殘疾人也，既得鍊黑土為白色之術，又能造出磁器如玻璃，色白而有光。今歐洲所造磁器，大率猶沿威得吾之成法，而略加變通，未能大有以遠過之也。一千七百八十五年，其製磁工場，以厚值役工人至二萬。及千八百五十二年，專就其售于外國之磁器，已及八億四百萬也。相傳歐洲製磁器法，實傳自中國，故至今猶名磁器為支那（China）。然其逐漸考覈，亦多所發明。在威德吾二百餘年前，法之巴立西（Bernard Palissy）尤精究製磁之學。西方陶人為世所稱者多，巴立

第二編　力行與勇氣

第一章　力行論

西事,最堅苦可傳也,茲略述之于此。巴立西生于一千五百十年,父為玻璃工,家赤貧。巴立西幼時,無力就學,後自述曰:"吾自人人所同見之天地以外,別無一書。"其失學之狀可想。巴立西十八歲,其父之玻璃業益不支,乃辭父負囊出游。本稍習畫玻璃術,初覓業于嘉士恭尼(Gascony),又學測量,往來法蘭西、弗蘭德(Flanders)、南德意志之間,未有定所。大抵浮浪者十年,乃娶妻而卜居于法之小邑曰三台(Saintes)者焉。仍以畫玻璃及測量為業,未幾生子,食指日增,所入漸不能給,念非改業不足自立。時法國陶器甚劣,巴立西思有以革之,欲求塗泑藥之術,顧非所習。然自有生以來,皆矢志獨學;凡讀書習字,及今所資以餬口者,何莫非勤苦專心之所得,則泑藥術又何難者? 一日,見意大利名工所製之磁杯,彩色精美,絕品也。巴立西心動,欲躬往意大利傳其學,有妻子之累,不得行。久之,乃決意自和泑藥。購土製陶器碎之,傅藥其上,投之竈中,冀有所得。計碎土壺無算,莫得其法,但費藥物薪樵而已。巴立西以為竈之制不當,於戶外更作新竈,益買藥、爇薪、碎壺試之。巴立西故不中資,坐是家益落,卒無所成,不得不仍理故業,而研究泑藥之志,未少衰也。又購土壺、數十傅新藥,假其鄰製玻璃竈中燒之,居然有溶解者,但未得白色耳。巴立西益奮,續為試驗者二年,所得貲垂盡。悉其所有,致土壺三百,碎而置藥,投鄰竈煅之,自坐守其旁。越數時,開竈檢之,竟有一具,色純白,大喜過望,歸示其妻。其妻固忠實婦人,然頻年見巴立西奪衣食之資,耗之無益之地,亦未嘗不嘆也。其後,巴立西屢試燒之,輒不復效。又自負瓦石,手築新竈於其家之側,八閱月而後竣。於是大集材料,審和藥物,以為最後之試驗。終日執薪坐竈旁,監視火候,飲食皆妻子持奉之;晝不移足,夜不解帶,累六晝夜,而

39

藥之不傅如故。巴立西亦心力俱悴矣，猶曰："是用藥必有未當者。"更益新藥，越二週或三週，數數試之。資產悉已蕩盡，無所藉以為繼，乃稱貸于友人，為孤注之一擲。未幾，藥仍未溶，而薪又告匱，急切不可斷火，則折園籬以投之；園籬又燼，則舉室中几案之類并投之，所餘但一皮物架。妻子聞折木投器聲奔至，則又舉皮物架，納竈中，而竹頭木屑，一時都盡矣。妻子以為狂，奔告于人。然巴立西之試驗，此次卒大有端緒：泑藥溶解，尋常褐色之壺，冷後就竈取出，皆變白色。巴立西竊自幸，固猶未可以為成功也。遂覓陶工，自出模型，使造土器，塗以泑藥。惟室家之奉無所出，幸一逆旅主人，素諗巴立西長者，許給飲食六月，俾得一意研究陶器之製造。所傭陶工，無以償其直，至搜篋底之衣物與之，以代少分之酬。此六月中，仍屢遭失敗。其窮益甚，衣履洞穿，腓肉盡脫，妻子咎其失計，鄰里笑其愚頑；慨然自傷，復操故業。逾年，少能自贍，輒又從事製藥。積日彌久，能自作陶器，漸諳藥物之功能，知粘土之性質，悟爐竈之構造。綜計先後共閱十有六年，而後其業大成。所製磁器，色至腴潤，多繪野獸、蜥蜴、植物之類，並極精巧，至今美術家寶之。泑藥雖非所謂絕學，巴立西素不習此，又不咨師匠，冥心獨往，不底于成不已。食貧茹苦，寧棄置舊業，百計以求一當。室人交謫，行路不齒，而毫不搖撼，立志卓然如此，固非尋常所能望。則知凡創一事，未有不歷艱難而可以僥倖得之者也。巴立西後嘗自述其十餘年中忍耐之境遇以告人云，所著有《陶器新法》及《農業博物》諸書，平生不信占星之術及方士鍊丹之說。當時舊教行於法國，而巴立西獨信新教，頗伸己說。惡者訐之，垂老而再下獄。顯理三世自赴獄中勸其改宗，否則當嬰焚身之戮。巴立西不為動，遂死獄中，年七十有八矣。

　　大美術家沙蒲爾士（James Sharples）亦以勤勉矢志而有成。沙

## 第二編　力行與勇氣

### 第一章　力行論

蒲爾士本鐵工之子，始居約克州（Yorkshire），後從白里（Bury）。兄弟十有三人，幼時皆未入學校。少長，卽佐父治業。沙蒲爾士十歲，則亦從事鍛冶之事。越二年，送之機器廠，亦其父所設也，而沙蒲爾士適給事于一鑄釜匠人之下。每早六時卽往，夜八時乃罷，父稍稍以暇時敎之讀，能略識字、記姓名而已。久之，鑄釜之工長繪釜圖，數使執線引墨。沙蒲爾士歸，輒以白堊畫地作釜形。一日，有親戚婦人將至，家人篲除以待，而沙蒲爾士不知也，仍繪地狼籍殆滿。母與客同至見之，將呵之。客曰："此子，勤勉可嘉。後宜供以紙筆，聽其自習，將來未可量也。"旣而，其兄勸之學人物、風景畫。始但臨摹石印畫本，雖得其大致，而未諳畫遠景及光與影之法，然仍時時習之。十六歲，入白里機械工業學校之繪畫班，其敎師為一畫家而兼營理髮業者也。每週授課一時，沙蒲爾士受學者三月，其師敎之至藏書室借閱拍納特（Burnet）所著之《實用繪畫論》。沙蒲爾士讀書甚尠，誦拍納特書，往往不解其文義，甚苦之。乃乞母與兄暇時為之朗誦，而己旁坐聽之。念非曉自誦，不能了記書中之事，乃辭學校還家，專修誦解文字之法。未幾，遂便通徹，再入學校，則不惟能誦拍特之書，且能撮錄書中要義，以備後日之用。於是沙蒲爾士讀此書至勤，每早四時卽起，諷誦節錄此書；六時，則赴冶鐵所治工事；入夜歸，則又誦此書，兼摹習古畫，一夕摹意大利名畫一幀。旣寢矣，不能成寐，終更起摹畢之，至於達旦。旣而欲學油畫，購畫布張之於架，塗以白鉛，將加彩色，而畫布粗劣，彩色著布不乾，問故於師。師曰："為油畫者，畫布及彩色漆，不可不別備，當更求新品。"因詳誨以畫法，復以一先令購得《油畫指南》一書，旦夕有暇則習之。家貧，添購畫具，所費不貲。恐重兩親之憂，俟稍得資，卽頻以晚間工畢，步行往返十八英里，購一二先令之畫品。歸時率已中夜，或遇疾風甚雨，而沙蒲爾士處之至樂也。嘗致書斯邁爾斯，論其初學油畫學之情況曰："余自繪《月夜圖》及《菓實圖》與他畫後，欲取冶鐵所而圖之。先加以苦思，搆一畫稿於畫布之上，欲其內部之狀，與吾尋常所從事之工場無異。念不能描寫人筋肉之形，使之畢肖，殊為憾事，是非通解剖學不可。而吾兄彼得（Peter）嘉吾之志，為致弗拉格門之解剖學研究書以相助。此書價值二十四先令，余之力固不能得也。及獲此書，視為至寶，窮日夜讀之。既苦人事，每於夜三時起，即便披覽。常使吾兄立於吾前，以為吾作畫之模範。其後，又念吾不知繪遠景之術，乃求泰羅（Brook Taylor）所著書讀之。方吾之讀之也，苦無暇晷。在冶鐵工場之中，恆求鐵之重者冶之，蓋鐵重則不易鎔，吾得以其隙誦習，非如輕鐵頃刻卽鎔化也。故吾繪遠景之術，實得之冶爐之畔。"沙蒲爾士自述之辭如此，其勤苦力學之概可見矣。後又學為雕刻，嘗雕冶鐵工場圖於鋼板，見者莫不服其精。今畧舉其自述學雕刻之始曰："余偶見鋼板肆之廣告，大小鋼板，并直之高下具有，可以定購。吾因以直往，且購雕刻之具數事。其始刻之甚難，念器具未備，則以意自造器其試之。初不甚合用，後則居然可用矣，他亦多出於意匠。余既習畫，慮鋼板置久鏽蝕，則塗以油。久而油垢黏塞，剔除不易。繼乃思得以梭打和水煮沸，投板於中，復出而以齒刷細拭之；油垢盡去，吾之能為雕刻。固未嘗學於他人，亦不求他人之助，全恃一己勤勉之功而自得之也。"

夫人生受相當之教育於學校，因而成名者固衆。若夫處貧賤之家，不經師受，而銳意不懈，卒達所志，此其勤力勉行，尤為難能。故略述以上數家之事，使覽者有以興起焉。音樂家亦多卓絕之士，如海丹（Haydn）曰："吾之於技，凡一事必窮其所以然。"莫沙特

（Mozart）曰："吾以勞作為至樂。"畢託溫（Beethoven）曰："真聰敏勤奮之士，其向上之熱心，無有止境。斷無立界石自限，而曰此為至遠而無以復加者也。"上並音樂大家之名言。美術音樂之類，非人人所能工。世每以長於音樂、美術，必具特別之天才。今稱其事，以見卽學術之關於天才者，猶無非自勤勉而得之人心之靈。宜無不可能者，視乎勤勉與否而已矣。

今更述世界名人厲人勤勉之語。士彌斯（Sydney Smith）曰："人能自致於卓越之地，唯有一法，卽勤勉是已。"斯各脫曰："人必勿貪安逸。"福祿特爾曰："立身之道，惟在勞作不已。"威伯士特（Danial Webster）曰："吾每日必勞作十二時，至今無有間斷，蓋五十年矣。"蓋勤勉者，人生之職分；自盡吾之職分，故不可不勤勉。大禹之惜分陰，陶士行之運甓，豈有所利於其間哉？君子之於所業，固常汲汲如不逮，而不敢自暇逸。吉人為善，惟日不足；凶人為不善，亦惟日不足。但其所業為有益於人生日用，而能自盡其勤勉之職分者，皆可謂之孳孳為義也。士農工商何擇焉？國民皆有勤勉之精神，此羅馬所以霸。及其後，務求富與多蓄奴隸。視此二者，以為在勤勉之上，則國勢頓衰。民放於惡德，習於逸樂，馴致敗亡，不可復振。當時之政治家及學者，不得辭其咎也。西塞羅（Cicero）嘗謂工匠為賤業。亞理士多德謂，治理之國，不當許工人為市民。蓋生而為工匠或奴隸者，必不能實行人道中之德義也。夫士農工商，皆人生之正業，孰得以工人之勤苦尤甚者而獨賤之？耶穌之言曰："爾勞動者、負戴者、咸來余前。"是耶教亦不賤工人矣。

## 第二章　勇猛精進主義

　　力行者雖在勤勉，而所以能勤勉者，必先有勇猛精進之志氣，故曰仁者必有勇。卽有仁心，而無勇者不能行之。今輒以此別出一章，其事容與前章相出入，而注意不同也。亞歷山大之出征也，其麾下一將以攻敵之要塞不下，歸報曰："余實不能下此要塞，以其勢不可能也。"亞歷山大叱之曰："人苟欲之，豈有不能者?"親督三軍，一舉陷之。蘇瓦羅（Suwarro）戒常失敗者曰："子之失敗，因子僅半決心而已。決心有道，凡所謂不知、不能、不可能者，亦學之、為之、試之而已矣。"拿破崙曰："'不能'二字，惟見於愚人之字典。"此皆有勇者之言也。有勇之人，乃能成大事。米那波（Mirabeau）曰："決心之人，則無不可能。決心者，是成功之唯一要訣也。"馬敦引一雜志記者之言曰："世人有三種：一曰決心之人；二曰不決心之人；三曰不能決心之人。決心之人，事無不成；不決心之人，反之；不能決心之人，亦事事失敗也。"

　　斯巴達一青年告其父曰："我劍過短。"其父曰："汝進前一步可矣。"古代諾爾曼人之恆言曰："余不信偶像，不信鬼神，惟自信我身身體與精神之力量而已。"此言深足以表條頓民族之特性也。又諾爾曼人古之冠銘曰："余若不得途以行，則將自闢一塗以行。"白人子孫，所以能獨立不倚者，其遺俗相承遠矣。法蘭西人有欲置產於某地者，其友戒之曰："曩吾見彼地之人，有入巴黎獸醫學校者，擊鐵砧且不能用力，其民必弱，乏於精力。若置產是間，非子之福也。"蓋個人之力，即國家之力；個人之力弱者，國何有矣？法蘭西之諺曰："其人足貴者，斯其土足貴。"個人之勇氣，顧可忽乎哉？

有勇氣斯有精力。人生之大事，無過於蓄養精力者。有一定之決心以趣善道，是人格之根本也。精力既強，則能在俗務上磨鍊，不憚經歷煩瑣無聊之事。以上趣高明廣大之域，故成事之功。天才不若精力，天才常患蹉跌，而精力一貫，無所不屈。與其有卓越不羣之材幹，毋寧有貞固不二之目的也。所謂精力，即意志之堅忍耐久，而確乎不拔者是也。是曰意志之精力。意志之精力，為人格權威之中心。一言以蔽之，無此意志之精力，亦無復為人矣。人之起而行，則此動之也；人之勉而進，則此推之也。真正希望，建於此上；而能與人生以真味者，此希望也。西方古盔之銘曰："希望者，我之力。"夫此語固人人所當以自銘者矣。西拉克（Sirach）戒子，語曰："怯心者，禍之首。"大哉心乎！人有壯心，福莫大焉。縱事有利鈍，內省不愧也。

天下事莫不成於有必，而敗於有待。行則行耳，何待之有？故曰："需者，事之賊也。富貴不能淫，貧賤不能移，威武不能屈，此之謂大丈夫。所志一定，則外物舉，不足以阻我；一切艱難困苦，不過適以為吾成功之助而已。侯彌勒（Hugh Miller）嘗自述曰："吾以世界為一大學校，而以艱難困苦為尊嚴高尚之良師。人之甘處駑下，憚於勞作者，無有不敗；惟遇事引為己任，行之至敏，樂而不厭者，往而無不濟也。"瑞典之查禮九世，最信意志之力。其子方幼，遇有所難，即拊其首而詔之曰："汝必可為之，汝必可為之。"蓋欲於蒙養之時，去其畏難之心，使成習慣；一旦長大，則難事無不易也。勃格斯通（Fowell Buxton）為十九世紀英之慈善家，以為人之於事，雖以尋常方法行之，但加以特別之專心，未有不成大功者。蓋人於一時一事，無不當用其全力。所謂勇力，亦如是而已。

世之難事，無不以勇而成；人之所以得進步者，無非由意志之努力向前。以與所謂困難者戰，卒之難者變為易，不可能者變為可能，可能者變為實在，而性懦者惡乎知之。著作家華開（Walker）能堅持其意志之力，嘗云當其病時，輒自決心曰："吾愈矣。"而病果愈。此雖未必恆人所能，然意志一決，每得以精神之力，統馭肉體。昔斐洲黑人之酋長曰莫拉克（Mulez Moluc）者，素驍勇，方與葡萄牙有釁，而忽罹將死之疾，戰垂敗矣。莫拉克自榻奮起，率士卒馳之，大破葡人之軍，及歸，然後氣盡而隕。夫鼓將死之勇，猶克敵制勝，轉敗為功，奈何人而不用其意志之力乎？

自由意志之說，古之言哲學、言倫理者，多有異論。然徵諸近世之辨議，固彌信自由意志之說為可立。即謂人之生世，能自以己意選擇於善惡之間是也。夫人生豈徒如浮水之草，但逐水之所向而流？固當如泅水者，能以己力，自為出沒，東西左右，惟意所如，而不為水所命。當知情意之主，是謂無制。我之行動，我實為政，決非有如魔術禁詛之類，可相拘束。不達於此，則所欲不得。世間萬事，人生萬行，乃至社會之序，公共之法，莫不以自由意志而得成就。不信自由意志，則舉世復何有責任？一切教訓，一切法律，何所匡矯？此義至明！故意志之為自由，不啻吾人良心之宣言，不容更持他說。自由而進於善也，亦自由而進於惡也。吾非習慣與物欲之役。習慣與物欲，實我主宰而進退之。良心詔我以此主宰，而後決意奮勇以戰勝之者也。

所謂真勇者，即有一定不可易之意志是也。拿門萊（Lamenais）

第二編　力行與勇氣

第二章　勇猛精進主義

<sub>（十九世紀法</sub>誡一少年曰："子方少壯，正是決志之時。日月一過，則將自
<sub>國著述家）</sub>瘞於墟壤之中，雖宛轉呻吟，莫能破其縅石以自出。"夫使人易成習
慣，未有如意志者。其亟求強固縝密之意志，使子浮游之身，定於
一朝，無為久如風中之葉，東西搖轉也。夫人心之微，瞬息百變，
能使之定於一而不易，非大勇者不能。故古之具最大之決心者，必
有所驅之而然。或為爭光榮。烈士徇名，無所不至，野心之英雄，
如拿破崙亦以光榮為第一義者也。或為自盡其職分。知職分之所在，
不惜冒萬死以蹈之，純出於良心之命令，不得不爾。此固猶優於徒
爭光榮者。要其決心不二，大抵所同也。奈爾孫（Nelson）、惠靈吞
（Wellington），其言論、書札之間，時兢兢以職分二字自厲。餘如克
萊武（Clive）之治印度、克林威爾之變英、華盛頓之興美，其平日
勇敢不撓，卒成大功。何一非迫於職分之不容自已，而決志以為之
乎？尼羅（Nile）海戰將開之前一日，奈爾孫將軍會麾下各艦長，
授以作戰計畫，甚為周密，各無間然。伯利（Berry）大佐拍案叫絕
曰："吾輩若勝，世人當云何？"奈爾孫徐曰："子不當云若勝，直
當云必勝。吾輩之勝算，此時已決，惟孰能出萬死一生以戰時所見
語人，則此時殊不能決耳。"各艦長興辭，奈爾孫又莞爾而言曰：
"明日此時，吾輩不受國勳，即荷國葬；二者必居一於此矣。"是役
也，使英國海軍著大名於世。蓋勇者決勝於幾先，而怯者兆敗於未
作，一成一敗，意志之力而已。

　　一事之成敗，其幾至微，間不容髮，惟大勇者乃能當機以樹功，
因禍而為福。豪傑之所以異於衆人者，決志於內，而行之必果必敏，
遲則敗矣。列德雅德（Led-yard）者，著名之探險家也。將遠游亞斐
利加，或問之曰："何日將發？"曰："明日。"白魯歇將軍（Plucher）
<sub>（普魯士）</sub>克敵至捷，當時有飛將軍之號。甘白爾（Colin Campbell）奉督軍
<sub>之將軍</sub>

47

印度之命，問以何時戒行。曰："明日。"凡成大事者，無不立時決志，稍縱卽逝。人將勝我，我能自建其邁往之精神，則能鼓人人之勇氣以從我，其勝敵必矣。拿破崙嘗自述曰："亞哥那（Acola）之戰，余以二十五騎戰勝。當時，余見軍士有怠色，余給各人以一喇叭，吹聲助之，竟以寡勝衆。兩軍方交，各務用其威以相凌，我若稍有恐懼之色，卽為敵所乘矣。"又曰："善戰者當於將敗之瞬時，而成決勝之機會。"又謂："澳大利人之敗，實坐不知時之可貴，而自失其機。方彼躊躇之間，我已起而破之矣。"

夫克敵治事，既非勇無以濟之；人於社會事業，能行以剛毅不拔之氣，其成功必有可稱者。請述英國漢威（Jonas Hanway）之事。漢威以千七百十二年生於坡支莫司（Portsmouth），少孤，母挈之至倫敦，備歷艱苦。年十七，至力斯本（Lisbon）一商家為幼徒。漢威細心以習事務，謹密不苟，舉動端慤，識者莫不賢之。千七百四十三年，歸倫敦，有薦之於俄京聖彼得堡之英國商會者。時此商會方營商業於裏海，其勢未盛也。漢威至，欲擴張之，乃自運英國布疋二十大車，進向波斯道經裏海之東南岸。忽遇劫盜，貨物盡失，後雖以計奪回其一部，而所損已至鉅矣。是役也，漢威幾不免，蓋又取海道而後得脫。漢威雖邁此敗，而自決其心曰："余決不失望。"歸彼得堡，經營五年，所業大進。會漢威之戚某，故富家也，其死以巨資遺漢威，漢威於是返倫敦，蓋千七百五十年也。方歸國時，卽自言曰："吾此次歸國，一則將休息吾身體，以吾體氣極劣；一則將有所為，以利於己身及他人者。"自是漢威遂投身慈善事業，自奉極薄。初，則改修倫敦大道，行人便之。千七百五十五年，傳聞法人將侵英，漢威欲籌良法，養成海軍軍人，使不匱乏。會集商人船主以議其事，乃立一海軍協會，獎厲陸上少年義勇兵，勸之服務軍艦，而漢威為協會會長。此協會利益於國家甚大。越六年，共養成海軍員役五千四百五十一人，義勇兵四千七百八十七人。以後，歲招貧家子弟六百人，教以航海之事，頗足資商船之用。漢威既創此舉，復以餘力營他種公共建築之事。先是，葛朗（Coram）建育嬰院於倫敦，專以收養棄兒，然自是棄兒者轉多，利害相半。漢威乃悉心以矯其弊，非察其極貧者，輒不收養，惠行而不濫。貧兒入院，每積慘鬱不適，多致夭死，漢威設為種種之方法以育成之。每親探貧民之家，訪其疾苦，設貧民病院。又至法蘭西、和蘭等處，考究貧民院之辦法。於社會慈善事業，孳孳不怠，且不求助他人，而以一身自任其事，可謂難矣。漢威游歷各國以調查慈善事業者五年，及歸國，以其所得，著為書。於是國中之貧民院，多所改革。千七百六十一年，漢威所建議得行，國會著為條例。倫敦各地，每年小兒之出遣者若干，收受者若干，並當登記其數。漢威恐奉行不力，自助之董理。每日上午，次第視察貧民院，下午則訪代議士；不避勞怨，至於十年。後，又由漢威建議，得發布一條例：凡死兒名籍所在之奉領地，其嬰兒不得遽送入貧民院，當送至市外數里之地，長養至六年，乃入貧民院；市外育嬰事之管理人，每三年公舉任之。貧民呼此條例為嬰兒保身條例，全活者甚衆。其餘漢威在倫敦所創之慈善事業，不一而足。濟災恤難，惟力是視。倫敦市民，嘉漢威之勞，請國家有以表異之，而漢威不知也。未幾，任為海軍給糧委員。漢威晚年，精力益衰憊，然不肯自休。始發起星期學校，又為種種救助黑人，及保育嬰兒之計畫，力疾黽勉，樂而忘苦。其道德之勇氣，為恆人所不能及。英人之好慈善事業，實漢威三十年間獨力倡導之功也。漢威為人，清節真實，與人誠信，片言必踐，家資悉用惠施，卒年七十四，身後僅餘二千磅，親友無受之者，仍以散諸孤窮焉。

前章已述美人倡論解放奴隸之事。英人之以解放奴隸為志者，亦有數家，今但略記夏伯（Granville Sharp）之事。夏伯，始一麻布商家之幼徒耳，後為大礮局書記。職雖卑微，已有志於解放黑奴矣，凡事勇進敢為。方其在麻布商家，與一同業者論宗教，偶及耶經某處，夏伯誤以為三位一體之說。其人曰："君未解希臘語，故有此誤也。"夏伯乃每夕學希臘語，未幾遂通之。又有一同業者為猶太人，相與解釋《舊約》之預言，夏伯遂通希伯來語。夏伯之昆弟有為外科醫者，施療貧民。有一黑人乞診，此黑人名斯脫龍（Jonathan Strong），斐洲人，本倫敦律師巴拔多（Barbadoer）所買。主人遇之甚虐，遂至跛脚，目幾瞽，不能從役使，主人逐之。窮懲病餓，乞食於道，聞沙伯之弟善人也，問而踵門。沙伯之弟深憫之，與之藥，且送之入一病院，黑人尋愈。沙伯兄弟力護之，因善為之地，給事一藥市，垂二年。一日，忽為舊主巴拔多所見，欲再得之，告吏人捕斯脫龍於獄，將俟載之赴西印度。卽取之獄中，斯脫龍在獄中遺書夏伯求助。時夏伯偶忘斯脫龍名，使使者訊之，獄吏謂無此人。夏伯大疑，乃自往必欲見所謂斯脫龍者，獄吏許之。夏伯頓憶卽前此乞診其弟者也，遂謂獄吏，勿以此黑人與他人，吾且告市長。乃告市長，請召質無票而拘黑奴之人。市長廉知斯脫龍已為舊主所棄，夏伯遂得直，而以斯脫龍歸。巴拔多不服，將訟之，與夏伯書曰："子橫奪我黑奴，吾不甘也。"當是之時，英國個人自由權利之保障，猶未如今日之明確。或強人充海軍役，或誘人至東印度為傭，或載之美洲殖民地；出買黑奴之廣告，與懸賞募獲逃奴，皆公然登諸新聞紙；法廷於處分奴隸之訟案，率以意出入，無定律；雖輿論有謂英國不當置奴者，而有名之法律家，或不以為然。夏伯旣將與斯脫龍之舊主人涉訟，始亦謀諸律師，僉曰："凡黑奴來英國者，卽已失其自由，此無可辯解也。"他人聞此，殆無不自沮，然夏伯之熱心及勇氣，必欲使奴隸還復自由而後快。今法律之士，即莫余助，余不可不自為辯護人，惟平生但誦聖經，未嘗學律。乃至書肆，大索法律書，於治事之隙，勤心披誦；蚤作夜思，冀得一當。凡關於英國個人之法律，若議院之法案、法庭之判決書、法律家之解釋，皆一一提要鉤玄，悉心研討。不二年，盡通法律之學，因大喜曰："英國法律固未嘗以蓄奴為直，異哉諸律師之所以告我也。"遂著一書，斥言以人為奴之事，實英律所不許，因自印而分貽當時之律師。夏伯於法律，悉自一己力學得之，非有他人為之助發其意。斯脫龍之舊主，見夏伯持議甚正，自求罷訟，夏伯不可。後，卒由原告償訟費三倍寢其事。自是，遇有販買或虐待黑奴之事，夏伯即起為之保護，訴諸法廷，卒得解放。夏伯辯論既多，公理愈明，法律家漸從其說，終許黑奴享有自由之權。買賣黑奴之事，因以絕焉。當時持解放黑奴之議者，又有克拉克孫（Clarkson）、韋伯福士（Wilberforce）、勃格斯通（Buxton）、白勞韓（Brongham），而夏伯持之尤力。方舉世莫悟其非之日，夏伯獨本其不忍人之心，與法律家爭，與自古以來之弊習爭，勤勤懇懇，引為己任，非大勇者孰能若是？於是其志竟達，黑人得蒙其福。士苟存心於濟物，於人必有所濟信矣。

　　文學家有勇猛之決心，以處事治學者如斯各脫（Scott）。方五十五歲時，負債累六十萬圓。斯各脫毅然曰："吾必悉償之，雖一錢不可負也。"此鐵石之決心，貫於身體及腦力，以影響於各種之官能。——神經纖微之中，皆深印此負債必償之語，而咸集其力於著述，卒以鬻文之所得，悉了宿逋。其日記中有曰："方余勞憊，不勝其苦，恆欲得靜臥，一瞑不視，然其勢不能。余終戰而勝之。人有確乎？不拔之志，則其能力增長之度，直不可限量也。"巴爾薩克

（Balzac）幼好文學，其父告之曰："汝亦知文人不為王，卽行乞乎？"巴爾薩克答曰："兒必為文學之王。"蓋經歷貧苦者十年，遂文冠一代。達爾文（Darwin）之立志亦甚勇。終身常在疾病之中，而能決意自忍其苦，自其妻外，無人知者。其子述其行狀曰："吾父四十年間，殆無一日知健康之福也。"然達爾文四十年中之成就，雖使精神、體力異常之人，殆亦莫能逮之。蓋其身雖弱，而心專志固，不肯自休，以為吾一自休，卽實證我之弱矣。彼之恆言曰："執固者，常成事。"其《種源論》蒐集材料，至二十年而後成書；《人源論》蒐集材料，至三十年而後成書。真大勇可畏之病夫也！

美洲獨立，亦其軍民能奮其勇猛愛國之誠心之所致。英國士官嘗奉使於獨立軍，告別將去，馬黎翁將軍（General Marion）止之曰："頃已屆食時，願得奉盤餐而後去，不亦可乎？"使者四顧，未嘗見有食具陳列，心頗異之，然亦祇得遜謝就坐。將军卽命僕人進餐，僕人乃於灰中撥出燒芋數具以進。將军徐曰："軍中以此享客，殊為不恭，然在我軍，則已為美饌矣。"使者勉進芋，不覺失笑，因曰："將军恕余，余實不能自禁。"將军曰："此宜與吾子軍中之食，有天淵之異。"使者曰："否否。吾意將軍見留，必適直有嘉肴，且將军平時自奉，亦必視此為優。"將军曰："平時尚劣於此，燒芋已為難得。"使者曰："嘻！子必於军中之糧食費，有所減削。"將军曰："雖一錢無私。"使者喟然曰："然則子固不能供军實，何以忍此？"將军曰：否否。不然！吾輩發乎情之不能自已。情者，人之所同有也；情之所至，何事不可忍。今若令一青年為人奴十四年，彼必不欲，然一旦情愛所縛，如雅各（Jacob）之於拉錫兒（Rachel），雖擲十四年以徇所歡，心猶甘之。吾之所處，殆亦類是。吾今為情所縛，吾所愛之美人，名曰'自由'。吾心至樂，而為之戰。雖食木根，甘於王者之玉食。"使者思之。"吾每步祖國之原，念所以毋忝我所生者，心輒怦然。仰視森森之木，後世誰當知我者？故今為子孫之自由，及其無限之幸福，而願致其犬馬之力。雖不自揆，聊以自慰也。"使者既歸，嗒焉若有所亡。軍長問之曰："何也？"曰："有大故。"曰："馬黎翁將軍拒子談判乎？"曰："非也。"曰："豈華盛頓又勝，我軍失利乎？"曰："尚甚於此。"因太息曰："嗟乎！美將軍及其軍士，不受餉給而力戰；寒無衣，飢無食，食木根而飲谿水，曰：'將以求自由也。'吾等奈何與若斯之人戰乎？"使者出，遂辭職歸。知美人之大勇與誠心，必將有成，不可勝也。

然則人欲成事，不可不先培養其意志之真勇。哀默孫（Emerson）曰："淺薄之人，凡事皆恃僥倖而倚事境，今日戴此人之姓名，明日又為他人；一則曰此，一則曰彼。剛健之人則不然。所信為因果，吾自造因，自食其果，他何有者？自來成大功，皆由此道。世間開物成務，未有不循因果之定法者也！蓋能去其僥倖、倚賴之心，真勇自見矣。"柯伯登（Cobden）曰："僥倖者，常待物而轉；勤勉者，其目眈眈，其心剛強，為物所待而轉。僥倖者，如高臥帷帳之中，冀郵筒自天而降，得承繼遺產之嘉音；勤勉者，黎明而興，奮其筆錐，以自競於生存之地。僥倖者苦，勤勉者樂；僥倖者恃偶然，勤勉者恃人格。"故人生之大義，在以勇氣貫澈其意志；當自拓一境，以為吾安身立命之所，則他人不能干也。吾但自信而力趣之，充其所欲為，不可間斷，不可怯懦，未有不成者也。立心當如日沃雪，如雷震蟄，凡有未至，責己而已。

## 第三章　堅忍論

　　夫力行者必有勇，既如前述矣，然所謂勇，非一時之客氣而已，在有堅忍之力以持之，久久不懈。前所稱成大功者，類具此堅忍之力。今更專論之於此。

　　《列子》記愚公之事，亦教人堅忍之寓言也。其言曰："太行、王屋二山，方七百里，高萬仞，本在冀州之南，河陽之北。北山愚公者，年且九十，面山而居，懲山北之塞，出入之迂也。聚室而謀曰：'吾與汝畢力平險，指通豫南，達於漢陰，可乎？'雜然相許。其妻獻疑曰：'以君之力，曾不能損魁父之丘，如太行、王屋何？且焉置土石？'雜曰：'投諸渤海之尾，隱土之北。'遂率子孫荷擔者三夫，叩石墾壤，箕畚運於渤海之尾。河曲智叟笑而止之曰：'甚矣，汝之不慧。以殘年餘力，曾不能毀山之一毛，其如土石何？'北山愚公長息曰：'汝心之固，固不可徹。雖我之死，有子存焉；子又生孫，孫又生子；子又有子，子又有孫；子子孫孫，無窮匱也，而山不加增，何苦而不平？'河曲智叟無以應。操蛇之神聞之，懼其不已也，告之於帝。帝感其誠，命夸娥氏二子負二山，一厝朔東，一厝雍南。自此冀之南，漢之陰，無壟斷焉。"又釋氏書言，普陀大士初修行時，窮苦無所見。將下山，遇人於水邊，磨一鐵尺。問磨此何用，曰："將以為針。"大士笑曰："鐵尺可為針乎？"其人曰：

"今生磨不成，後生亦磨得成。"大士大悟，再歸普陀而成道。此皆教人忍耐。人能如此忍耐，何事不可成乎？荀卿子曰："積土成山，風雨興焉；積水成淵，蛟龍生焉；積善成德，而神明自得，聖心備焉。故不積頤步，無以致千里；不積小流，無以成江河。騏驥一躍，不能十步；駑馬十駕，功在不舍。鍥而舍之，朽木不折；鍥而不舍，金石可鏤。是故無冥冥之志者，無昭昭之明；無惛惛之志者，無赫赫之功。"此亦言為學者，當堅忍耐久，則小者成大，拙者勝智也。

前章所論美術家弗拉格門、陶人巴立西，皆富於堅忍之力以成事者也，今更述一二名人之事。美國鳥類學者奧杜朋（Audubon）自敘曰："吾嘗一旦而失吾所繪之鳥圖二百具，幾令吾鳥類學之研究為之中止。余所以述此者，以見吾堅忍之熱心，卒戰勝此困難也。先是，吾居於肯達齊州（Kentucky）數年，未幾，將以事赴費拉德腓亞（Philadelphia）。臨行，余點檢畫册，扃之一木箱中，付戚某藏之，戒其勿損。不數月，余歸，休養數日，即索還此箱，以為將重視吾之寶藏也。及啟箱，則二鼠在焉，已產子其中矣。吾之畫册，則盡嚙為碎紙，所有千餘之鳥圖，悉歸烏有。吾意極懊喪，頭熱如火，五內燒灼，困臥數日，如墮夢中。久之，余氣力回復，乃日攜小銃、鉛筆、簿册，往候森林之中，逐捕禽鳥，描其形狀。蓋如是又三年，而余之畫册再盈箱焉。"嘉徠爾之為《法國革命史》也，初成第一卷，鄰友借而讀之，置之客室，誤落於地。僕婢以為廢紙，投之火中。嘉徠爾無可奈何，惟決意更起草而已。故堅忍者，雖遇意外之挫折，其志益厲，終不為所撓也。

蓋失敗即成功之母。堅忍者以失敗為藥石，經一度失敗，則自信之心，愈愈強固。今更述哥倫布士（Columbus）之事。哥倫布士者，意大利人，生於千四百四十六年。幼，助其父梳獸毛，為織物業。及長，好航海漫游，當時呼為海賊哥倫布士。嘗流寓葡萄牙，娶妻而卜居焉。是時哥倫布士究心世界創成論及天文書，乃唱自歐羅巴至印度航路之考案。以大西洋實掩亞細亞之東，與歐羅巴之西，若自西班牙、葡萄牙之直線，西向以進，或繞斐洲之南，必達印度。於是哥倫布士謁葡萄王約翰，言航海之利，乞助船舶。王故有雄畧，欲許之。國中元老議曰："亞斐利加之探險，則固嘗聞之，未聞航印度者，必不可得地。願王勿聽也。"王卒與哥倫布士船三艘，遣從官隨哥倫布士行。至於大洋，波濤甚惡，從官怖絕逃歸，言於王曰："哥倫布士妄也。西方皆大海汪洋，無尺寸陸可見。"王遂下令逐哥倫布士。哥倫布士至西班牙，欲因其友干英王顯理，久不得耗，乃謁西班牙王后意薩伯挪（Isabella）。王后壯其言，集國中學者與哥倫布士辨論以決可否。哥倫布士言地為圓體，亦猶日月之為圓體也。難者曰："地圓如球，誰則支之？"哥倫布士曰："太陽及月，誰則支之乎？"難者曰："如地果圓，則周行地上，有時頭應倒懸，而足在上，且樹木皆當倒生，以根上著空，豈其然乎？"於是一哲學者又難曰："地圓則池水皆當倒流，人類且將墜落。"一敎士難曰："此背於聖書。聖書但謂天如張幕，今以地圓，是異端也。"哥倫布士之說，遂為諸學者所尼。哥倫布士將如法蘭西，會有言於王后不當失此奇士者，王后乃召還哥倫布士，資以船三艘（各百噸內外之帆船）。千四百九十二年八月十三日，哥倫布士遂為第一次之航海；出巴羅斯（Paros）港，船中水夫諸人，並王后所給也。海波洶惡，行數十日不見陸。一日，忽見日沒處隱約有黑影，舟人皆禱祝，以為得陸，明日視之，則黑雲一片而已。舟人等咸怨誹哥倫布士，有欲投之於海而逃歸者。哥倫布士多方慰說，幸得相安。先後行六十九日，卒發見美洲之新大陸，卽千四百九十二年十月十二日午前二時也。哥倫布士名此初發見之島曰聖撒巴多（San Salvador）〔土人名此島曰嘉拿罕（Guanahan），卽現時巴哈馬（Bahama）羣島中之瓦特林島（Watling），去巴羅斯凡三千二百三十海里］。尋至海地島（Haiti），建築一城，留三十九人於彼，而自還西班牙國王。王后以下，咸歡迎之，蓋次年三月十五日也。是年九月，哥倫布士復為第二次之航海。率船七艘，船員共千七百餘人，至海地島，創建意薩伯挪市。又發見里科（Parto Rico）、吉美加（Jamaica）諸島，以千四百九十六年六月歸國。至千四百九十八年，又率船六艘，為第三回之航海。循行亞美利加之南岸，發脫里尼達（Trinidad）諸島，是時殖民間嘗有紛擾之事，哥倫布士鎮定之。忌者嫉其威名，終以事縛哥倫布士，送還西班牙，王及王后釋而禮遇之。至千五百二年，哥倫布士老矣，尚請探印度航路，失船二艘而歸，是為第四次之航海。其歸在千五百四年也，越二年卒。哥倫布士以發見新大陸之功，歸國而不蒙賞，晚年至以貧死。後之論者，多為不平。然哥倫布士之名，固與美洲並隆，懸於日月而不可磨滅，則哥倫布士之成功亦大矣！豈區區校一時之賞者哉？觀哥倫布士航海之計畫，屢遏不行，不憚歷干列國之君，而務得一當；好奇之志，老而不衰，真曠代大勇，堅忍之人豪也！

　　文人之堅忍者，尤多其例。如前章所述奈端、孟德斯鳩之著書，積思數十年，手稿屢經改定。其餘往往而有。蓋堅忍之道，百事皆賴之以成也。世間率因堅忍之力，而後有大事業。工程之偉大者，如吾國之萬里長城、埃及之金字塔、耶路撒冷之大寺，此非一手一足之烈也。舟車以濟不通，降而有汽船汽車，此非一朝一夕之故也。乃至科學之發明，天體之測定，陸地之發明，所以揭宇宙之祕密，濬人心之智源，何一非積忍耐之力，而貽後人以莫大之利者耶？以人生論之，卽或富於天才，而短於恆性，或心雖勤奮，而體質不強，此非加以堅忍，何事可成？故力行之中，堅忍尤要也。

# 第三編　科學工藝發明家之模範

# 第一章　中國工藝大家畧述

　　吾國之舊習：重士而輕農工，尙空理而忽實務。故物質之文明，鬱而不發，其所從來久矣。夫歐洲諸邦所以興盛，何莫非科學工藝之賜？吾人將以立國，將以立身，皆不可不致力於此。然近世科學工藝大家，其能發明新理，創造新藝，咸自一身勤勉苦思而得之，非有賴於異人也。今將略舉其行事一二，以樹景行之規。因念吾國人自來以科學工藝著者，未必無其人，特國家獎勵之道未至，而社會褒揚而利用者少，是以其藝未極也，輒先就吾國古所謂工藝家者一考之。

　　《易・繫辭》稱伏羲以至五帝，所謂首出御世之聖人，皆以制器利物，為民所戴。當時步天推歷，辨土教稼，傳於後者，如針灸之術、指南車之遺法，皆非科學極精者不能，惟其詳不可考耳。大抵科學必有傳授，皆守於官，官失則學亦亡。使治天下者，卽不能自制器，而能恆使官守其法勿墜，則吾國科學雖至今有傳可也。《呂覽》曰："大橈作甲子，黔如作虜首，容成作歷，羲和作占日，尙儀作占月，后益作占歲，胡曹作衣，夷羿作弓，祝融作市，儀狄作酒，高元作室，虞姁作舟，伯益作井，赤冀作臼，乘雅作駕，寒哀作御，王冰作服牛，史皇作圖，巫彭作醫，巫咸作筮。此二十官者，聖人之所以治天下也。聖王不能二十官之事，然而使二十官盡其巧，畢其能，聖王在上故也。"蓋能工藝之官，各竭其術，造作器物，便利人民；古之至治，則如此矣。一國之元首，豈必盡自能為工藝哉？能獎勵使之發達、無餘蘊而已矣。故工藝之盛衰，亦可卜國家之治忽也。其餘如般倕之巧、梓慶之削木、匠石之揮斤，並神於工藝者也，古說猶往往傳之。春秋以來，官之不克典其職而散在民間者益衆，世人莫能用之。或僅偶以佐軍，而公輸子之善為攻，墨翟之善為守，在其間尤著。

《墨子》曰："楚人。❶公輸子自魯南游楚焉，始為舟戰之器，作為鉤強之備，退者鉤之，進者強之；量其鉤強之長，而制為之兵。楚之兵節，越之兵不節，楚人因此若執，函敗越人。❷公輸子善其巧，以語墨子曰：'我舟戰有鉤強，不知子之義亦有鉤強乎？'（中畧）公輸子削竹木以為鵲，成而飛之，三日不下。公輸子自以為至巧。墨子謂公輸子曰：'子之為鵲也，不如翟之為車轄，須臾劉三寸之木，而任五十石之重。故所為巧，利於人謂之巧，不利於人謂之拙。'"又曰："墨子解帶為城，以牒為械。公輸盤九設攻城之機變，子墨子九距之。公輸盤之攻械盡，墨子之守圉有餘。公輸盤詘而曰：'吾知所以距子矣，吾不言。'墨子亦曰：'吾知子之所以距我，吾不言。'楚王問其故，墨子曰：'公輸子之意，不過欲殺臣；殺臣宋莫能守，可攻也。然臣之弟子禽滑釐等三百人，已持臣守圉之具，在宋城上而待楚寇矣。雖殺臣，不能絕也。'"神機陰開，剞劂無迹，人巧之妙也，而治世不以為民業（治世守於官）。工人下漆而上丹則可，下丹而上漆則不可，萬事由此也。墨子又嘗以木為鳶，飛之三日不集，惟其遺法不可考矣。

---

❶ "楚人"二字為上句"亟敗楚人"之本語，不当于此，恐作者誤記。又，公輸子当為魯人。——編者註

❷ "因此若執，函敗越人"当為"因此若势，亟敗越人"。——編者註

## 第三編　科學工藝發明家之模範

### 第一章　中國工藝大家畧述

漢魏以下，吾國巧於藝事者，代不乏人。如張衡、蒲元、馬鈞、祖沖之之屬，並能造器，究極精微，見諸載記。後世亦往往有之，但率以一人冥心獨造，不甚為世所重，故傳者較寡耳。西方科學工藝，其始頗亦源淵於中國，惟彼治之甚勤，充之不已，至於今日，遂以獨擅其奇。《史記》謂，疇人子弟分散，或適西夷；說者遂謂，天算之術，西人先實資之中國者。此外，如指南車遺法之用於航海；道家方士鍊丹之術，自印度傳入西方，遂啟化學；乃至印刷術，磁器等，皆中國先有。故謂中國人不及西士之巧者，自為目論，有務不務耳。清初，西方工藝之法漸有至吾國者，如梅定九、吳師邵及其治曆算者，或亦偶兼治西藝，而黃履莊製器尤多，可傳也。

黃履莊，少聰穎，讀書不數過，卽能背誦，尤喜出新意，作諸技巧。七八歲時，嘗背塾師，暗竊匠氏刀錐，鑿木人長寸許；置案上，能自行走，手足皆自動，觀者異，以為神。十歲外，來廣陵，因聞泰西幾何、比例、輪楔、機軸之學，而其巧因以益進。嘗作小物自怡，見者多競出重價求購。體素病，不耐人事；惡劇嬲，因竟不作，於是所製，始不可多得。所製亦多，不能悉記，猶記其作雙輪小車一輛，長三尺餘，約可坐一人，不煩推挽，能自行自住；以手挽軸旁曲拐，則復行如初；隨往隨挽，日足行八十里。作木狗，置門側，卷臥如常，惟人入戶觸機，則立吠不止；吠之聲與真無二，雖黠者不能辨其為真與偽也。作木鳥，置竹籠中，能自跳舞、飛鳴；鳴如畫眉，淒越可聽。作水器，以水置器中，水從下上，射如線，高五六尺，移時不斷。所作之奇俱如此，不能悉載。有怪其奇者，疑必有異書，或有異傳，而與處最久且狎者，絕不見其書；叩其從來，亦竟無師傳，但曰："予何足奇。天地人物，皆奇器也。動者如天，靜者如地，靈明者如人，頤者如萬物，何莫非奇？然皆不能自奇，必有一至奇，而不自奇者以為源，而且為之主宰，如畫之有師，土木之有匠民也。夫是之為至奇，蓋自有其獨悟，非一物一事，求而學之者所可及也。"性簡默，喜思，人嘗紛然談說，而履莊獨坐靜思。觀其初思求入，亦戛戛似難，既而思得，則笑舞從之；如一思礙而不得，必擁衾達旦，務得而後已焉。戴榕嘗為之傳。

## 附：奇器目略

### （一）驗器

驗冷熱器。此器能診試虛實，分別氣候，證諸藥之性情。其用甚廣，另有專書。

驗燥溼器。內有一針，能左右旋；燥則左旋，溼則右旋，毫髮不爽，并可預證陰晴。

### （二）諸鏡

千里鏡。大小不等。

取火鏡。向太陽取火。

臨畫鏡。

取水鏡。向太陰取水。

顯微鏡。

多物鏡。

瑞光鏡。製法大小不等。大者徑五六尺，夜以一燈照之，光射數里，其用甚巨。冬月人坐光中，則遍體生溫，如在太陽之下。

## （三）諸畫

遠視畫。

旁視畫。

鏡中畫。

管窺鏡畫。全不似畫，以管窺之，則生動如真。

上下畫。一畫上下觀之，則成二畫。

三面畫。一畫三面觀之，則成三畫。

## （四）玩器

自動戲。內音樂俱備，不煩人力，而節奏自然。

真畫。人物鳥獸，皆能自動，與真無二。

燈衢。作小屋一間，內懸燈數盞，人入其中，如至通衢大市；人烟稠雜，燈火連綿，一望數里。

自行驅暑扇。不煩人力，而室皆風。

木人掌扇。

## （五）水法

龍尾車。一人能轉多車，灌田最便。

一線泉。製法不等。

柳枝泉。水上射復下，如柳枝然。

山鳥鳴。聲如山鳥。

鸞鳳吟。聲如鸞鳳。

報時水。

瀑布水。

## （六）造器之器

方圓規矩。

就小畫大規矩。

就大畫小規矩。

畫八角、六角規矩。

造諸鏡規矩。

造法條器。

履莊所製奇器甚多，其目之傳者，尚不止此，茲舉其最著者而已。惟其法與其器，並靡有存者，深可惜也。

## 第二章　歐洲科學發明家畧述

　　歐洲科學之端緒，遠自希臘、羅馬以來，中間稍為不振。十三世紀之時，英人羅哲倍根（Roger Bacon）復於科學之研究，多所發明；及哥白尼（Coperniens）出於波蘭，明地球運動之理；加里雷倭（Galileo Galilei）生於意大利，考墜物定律；奈端（Newton）生於英，著力學等書，而科學界思想為之一變。哥白尼本一麪包店之子，奈端出於農家，皆以刻苦自厲，卒成其學。加里雷倭在哥白尼之後、奈端之前，其所就亦卓絕。今但述加里雷倭傳，以見科學家之勤勉，及近世科學進步之樞紐焉。

　　加里雷倭者，意大利人，以千五百六十四年，生於畢薩（Risa）城。父曰芬遣齊倭（Vincezio），能算術，精音樂，為當世所推。嘗著書自謂研求科學，喜自由發其疑難，不為權勢所劫、習慣所囿。有三子，加里雷倭其長也。幼聰慧機巧，有父風，好以新意自造玩具。父以己身好科學而不偶於時，雅不欲其子復治之，將使業商，乃先送之教寺小學中肄業。未幾，加里雷倭潛心經典文學，喜為詩，亦善音樂。父見其天資超邁，恐為商賈不足盡其材也，及長，則遣之學醫。一日，加里雷倭祈禱於羅馬教堂，見神前燈搖蕩空中，往來不輟，因以指按脉，驗其時間。則每次往來，歷時相若，更試以他法亦然，遂悟鍾錘搖擺之理。是年夏，有李奇（Ostillio Ricci）

者,來畢薩避暑。李奇故邃算學,與加里雷倭家族素稔。一日,偶為人言幾何學,加里雷倭聞而大喜,便從受學,盡通其奧。父仍命其習醫,加里雷倭則一志於算學、物理,日造精密,名噪一時。年二十六,議會請為大學校算學教授,定期三年。是時,加里雷倭發見墜物定律三則。

一,物之墜下,無論逕直、偏斜,速率皆同。

二,欲知所墜之高幾何,當察墜時之久幾何;即其時以相乘,則知其高幾何矣。譬物墜自高臺,須十秒至地,則以十相乘為百,即知高有百尺。

三,物無輕重,墜下之速率皆同。

方是時,科學界學者,但知鈔襲陳言,盲從經典。言物理學,則往往奉亞里士多德(Aristotlo)為圭臬,倘人言理與亞里士多德異者,輒目為妄。亞氏之言曰:"物之墜也,其速率隨輕重而異。兩磅之物,其墜也,當倍速於一磅之物。"加里雷倭之所謂定律,則與之相左。羣論大譁,加里雷倭毅然不顧。一日清晨,值全校大會,乃共登畢薩著名斜塔,挾二鐵彈,一重百磅,一重一磅,當衆前墜之;兩彈砰然同時著地,不差分秒,觀者大震。然終以其背先哲之明訓,或係偶中,不足信也。會有某權貴以所製濬港機見詢,加里雷倭曰:"是磨物,雖成無用。"權貴不懌,譖之公庭。怨家復攻之,加里雷倭遂不得終於講席。既落職,退居弗羅倫斯;遭父喪,家益落。未幾,巴杜亞(Padua)大學延為教授,期八年;期滿,續任六年。每開講演說,言辨而義精,聞者傾心焉。一千六百四年,有新星見,蓋所謂客星者也。加里雷倭凡三次講演此星之來歷,聽者駢集。因謂衆人:此天際恆有之星,平時不深研考,及其出見,則奔走告語,以為奇事,不知此星固在空中,徒以距地球過遠,流行無定,故不见；今行近地球，始见之耳，過此當復遠行。是說也，左亞里士多德而右哥白尼。亞氏以為天空無變，不生不滅，又地球居天心，終年常靜；哥氏則謂地球為行星之小者，人匍匐其上，僅如蟲蟻之緣於牆壁。惟時人多溺亞氏說，加里雷倭則力持哥氏之說而巳❶。相傳，德國磨鏡者家藏異物，作長筒形，中含二鏡；由此中視，可移遠景於目前，惟位置顛倒耳。加里雷倭素好光學，既得此說，乃深思其理。造望遠鏡，始成，能三倍遠影，不倒位置。已又增至七倍，增至三十倍，乃由此鏡以考驗天象。初以驗月，知月中有山，有谷有火山，又有平原大石，亦似有海。又因月面之影，而知地球亦為發光體，多雲時尤甚。金星所以光耀過他星，亦以多雲故。大抵自月中見地球，猶吾人由地球望月，惟地球直徑較月大四倍耳。凡天際衆星為古人所惑而不解者，加里雷倭皆一一得究其真相。又見木星近處，有三星而小；爰就三星位次，以定木星之位。次夜視之，木星移而居三星之旁；更一夜，祇見兩星；再越一夜，見兩星一大一小；再越夜而三星見，又於一夜見四星。後如其期，或隐或現。以此知木星之形，亦如地之有月也。及論木星之月有四，諸月依時而旋，不逾定時，是為前人所未發，聞者頗滋駭怪。以謂天有七行星，已成定數，今忽增四星，則星期制度，將不能立。又有謂天際邈遠，非恆人視力所及，竟有不敢向加里雷倭所製之望遠鏡一窺以驗虛實者，疑加里雷倭有魔術，窺之且為所惑。後又發見土星旁有兩小星，復見金星作半月形。哥白尼百年前預言，人類目力若增，必有見金星、水星如見月之一日，至是果驗，皆望遠鏡之力。加里雷倭以製遠鏡之術授其徒，其制遂遍全歐。未幾，又發見日中黑點，

---

❶ "巳"当为"已"误。——編者註

因謂哥白尼以太陽為皎潔無倫者，非也。惟土星旁兩小星忽不見，加里雷倭益日夕觀察不輟；嗣復見兩小星，因悟為土星之圈，以圈過薄，有時地球與土星變更位置，故從旁觀之，卽不見也。加里雷倭最宗尙哥白尼之說，而哥白尼言地球自動，不合聖經，為敎中所禁，故加里雷倭亦得異端之名，晚年為敎皇錮之獄中。蓋當時宗敎勢力甚盛，不容學者或為異說也。獄中頗記其平生所發明者為書，後雙目皆瞽，禁例稍弛。英詩人米爾敦嘗於此時進見焉。卒於千六百四十二年，年七十八。卒後未及一年，而奈端生。哥白尼、加里雷倭、奈端三子者，實近世科學之先師。加里雷倭之為科學，始則為父所尼；旣有所發見，而世徒以為怪。加里雷倭終不變所守，益莫錄其功，精進不怠，雖在縲絏之中以終餘年，非其罪不悔也。近世追溯科學之源，何人不感加里雷倭之賜者！其成功蓋亦大矣。士君子非有如加里雷倭之勤勉決心者，固亦難以成不世之學業也。自餘，科學家之顯名者多有，茲編非專主科學，惟在舉一二模範，以為吾人立身之導，故不復廣述也。

## 第三章　工藝發明家

　　人生最大之義務，惟在於自利利他而已。自利利他之道雖多，而其實際之效，尤莫如發達工藝。蓋工藝之進步，則國家生產之力強，個人資生之道廣；利用厚生，莫大乎是。然歐美之創造工藝者，其人率多出於貧賤之家，積心思勞苦之力，用志不二，卒底於成。有足多者，茲述其略著者，庶觀覽者可以自勵焉。諸工藝之中，以蒸汽機器之發明，尤有大功於人類。蓋用力省而成業多，費時至少而生產至富，人我之養至是畢足。其創始之人，誠有可旌者。蒸汽機器之所起，雖在近世，而其淵源，實遠自上古；後人益引其端，至於近世而厥效大著。先是，紀元前百十二年，亞歷山大之人，已有思為蒸汽機器者，然其制未具。近世科學益明，如沙維來（Savary）、牛可門（Newcomen）、波泰爾（Potter）、瓦德（James Watt）等，皆為製造蒸汽機器之先輩，而瓦德名尤高。瓦德平生以勤勞自習，作事有恆，而用心極細，故能成大功。瓦德之父，木工也。瓦德幼則學為玩具，皆有巧思；既而研究天文學、光學，又以體弱善病，則取生理學書讀之，並洞達其奧。喜步游郊外，流連林藪，因是習植物學及歷史學。後以製算術器具為業，亦偶製樂器。久之，遂通音樂。牛可門所作蒸汽機器之模型，藏於格拉斯古（Glasgow）大學。一日，屬瓦德加以修繕。瓦德乃悉心考其構造，致意於熱力、蒸發、收縮之用，復求讀機械學之書。遂自造蒸汽機器一具，名之曰"縮力蒸汽機器"（Condensing steam engine），然世未知其用。自是十年以來，益銳意，欲更有發明，深思詳索。其所資以自給者，則或為人修理樂器，或測量道路。後得同志之友曰布爾通（Mathew Paulton），亦工藝大家，精力甚強，且有遠識；勸瓦德改其縮力機器，使合於普通實際之應用，此近日諸工場事業適用蒸汽機器之所由來也。瓦德以後，其制時有改良，益臻精巧。凡轉運器械，推進船舶，磨治穀麥，印刷書籍，鑄造錢貨，並鎚削鐵具，以代人工，皆賴蒸汽機器之用矣。是中改良諸家，以脫來維西克（Trevithick）及司泰芬孫（Stephenson）為最著。

瓦德所製新機，既用於各工場，而最初用之成效尤著者，即阿克來（Sir Richard Ankwright）變通其制，以創造紡績機器是也。阿克來雖承當時諸家遺制，而種種結構應用之法，實出意匠，雖謂之創作可也。阿克來以千七百三十二年生於英之普列斯敦（Preston）。其家極貧，有兄弟十三人；阿克來最幼，未嘗入學校，獨學而已，僅能略知書。少從師為理髮之業，嘗在地下占一室，為人理髮；故貶其直，揭於門曰："一辨士可理髮"。人競赴之。他理髮者亦貶其直。乃又揭曰："半辨士可理髮"。同業莫如之何。後又鬻假髻，其利恆倍，兼售染髮藥，婦人爭好之。無何，遂薄有積蓄。以餘暇研究機器，頗有造紡績機器之志。多方試驗以求其法，久之無所成，家漸落。其妻深懟其失計。一日，乘怒毀其模，阿克來大怒，竟出之。會識一製鐘表匠人，因鐘表之理，益悟機器之所以能長動不息者，可以用之紡績，乃製一模型，陳於普列斯敦一學校中。此地工人恐阿克來紡績機成，將奪己之業，聚衆鼓譟，其勢洶洶。阿克來乃挈其模之諾丁漢（Nottingham），得一銀行家之助。千七百六十九年，器成，得專利特許權，而瓦德之蒸汽機器亦於是年始得專賣權也。阿克來後又擴充其機器之規模，以水車運轉之故，號"水力紡績機器"。然其精益求精之心，未嘗輟也。數年之後，屢加改良，機括益備，而所需資金甚多，頗覺局促，卒以忍耐、勤勞，得竟其功。當時之工業家，以其將奪蒸汽機器之利，甚惡之，相約不售原料品於彼，亦不購彼所製之物。阿克來建工場於可勒（Chorley），一日，無賴子聚而毀之，其地雖有警兵，幾莫能鎮壓；又訴之法廷，欲撤銷其特許權。其事方經審判，阿克來行市中，一人呼曰："吾輩已推倒此理髮師矣。"阿克來從容答曰："吾尚留有薙髮刀一柄，將以遍薙諸君耳。"繼又建工場於蘇格蘭等處。雖創始之際，忌之者多，然所出物品，既美且富，故終能不躓也。阿克來性質伉爽，遇事不撓，又有肆應敏給之才；所立工場甚多，躬親管理，其事務時間自早四時至夜九時，勤勞不倦。五十歲時，乃更研究英國文法，以早年於文字甚淺也。所造紡績機器，經十八年後，名播遠近，英皇佐治三世賜以勳爵。卒於千七百九十二年。阿克來以個人而為國家闢富源，英國輓近工場制度，實阿克來為之開祖也。

　　吾國往時，亦好服所謂洋布而印花者，其法蓋出於十八世紀間。英人比耳（Peel）之族故伯拉克奔（Blackburn），農家也。其族有名羅伯（Robert Peel）者，於農隙率家人織布。伯拉克奔本多織工，其地所出之布，大抵麻緯而棉經，謂之原色布。羅伯家所織頗精好，人爭購之。當時布上未有印花草者，羅伯獨立意欲造印花機器。是時，人家多用錫器，因念於錫盤上繪花草，加以彩色而反印於布必有可觀；初試為之，後漸印以機器。先作芹葉形，繼以次改良印花機器，花處凸出。其子繼其業，考究益精，遂輟農事，而專事印布，營業益盛；鄰近貧人，多仰以衣食。亦名羅伯比耳，封次等男爵，嘗述其父之言曰："商業之事，其利及於個人者猶小，而及於國民全體者最大也。"蓋重視商業如此。至其子男爵之身，而印花機器之事業遂大成，為英國工場第一，亦父子勤勉之力有以致之也。今世所用織襪機器，其始出於英人維廉禮（William Lee）所造。維廉禮生於千五百八十三年，嘗為牧師。相傳，維廉禮為牧師時，慕村中一織襪少女，頻至其家。少女厭之，每織襪不顧。維廉禮引為大憾，乃立志造一織襪之新機器，使彼失手工之利。三年之間，竟成一織襪新機，遂辭牧師之職，一意工業，間以織襪教家人、親戚。數年後，其機器屢經修改，益極工巧。時當伊利沙伯女王之時，維廉禮念如以機器呈諸女王，必獲嘉賞，因至倫敦求見女王。女王以為機器若行，則貧人之賴手工為生者將失其業，殊不然之。維廉禮大失望，輒自意曰："世豈無他人知我者，何必女王？"會法蘭西王顯理四世之大臣曰索奈（Sully）者聞之，乃招維廉禮至法，法王頗獎勵之。蓋當時法國頗重工藝也。維廉禮實挈其弟與工人七名同入法，初以其法教市人，其業甚盛。及顯理遇弒，法人忽惡維廉禮所奉為新教，又他國人，罕有顧之者，遂終於法。其弟哲謨（James）歸英設工場。自是，機器織襪之業，遂流行於時焉（或謂維廉禮慕一女子，以織襪為業；憐其勤苦，乃精思造織機器助之。與前說異）。

維廉禮之後，又有希斯可特（John Heathcoat）創織線帶機。希斯可特生於千七百八十三年，本農家子也，幼至鄰村之器械工人處為學徒，遂能修理機器，於織襪機器之構造，知之尤悉。年十六，欲改織襪機以為織線帶機，苦思未得其法。二十一歲後，娶妻，乃至諾丁漢執業。恆與其織工游，期有輔於所志。始則以手織枕上飾品之線帶，冀造一機器，其運動必與手之織物同法，而後合用。手習至熟，或且悟得其理也。終日勤奮，為人所不及，其主人埃立阿（Elliot）於是時稱之曰："勤勞忍耐，克己沈默，經失敗而不懼者，

第三編　科學工藝發明家之模範

第三章　工藝發明家

是希斯可特之為人也。既富於應用之方，而深於機器之理，固將終成其事，無疑也。"其妻亦深望夫之業有成，日代憂慮。❶家本貧，而傭工所得，多供研求織機之費。一夕，其妻問曰："織機成乎？"答曰："未也。"妻潛然泣下，嗚咽不能聲。未逾月，而希斯可特織線帶機竟成矣。歸，持織物以上於其妻，相對怡樂。希斯可特所織線帶，本為枕器之飾，經緯交錯，精巧無匹，儼同婦工初得經緯交互之法，後得斜絲縈轉之法；蓋幾經改作，機括始備。至其得專賣權之日，年僅二十四歲也。於是，同時之織工忌之，乃訟希斯可特於官，以為希斯可特自稱發明此機器，蓋妄也，此機實舊所有。又飾織工二人為創造此機之人，互相爭訴，將以奪希斯可特之專賣權。希斯可特憂之，乃謀諸律師科伯萊（Sir. John Copley）。科伯萊覽其狀詞曰："我不諳此機運用之法，則不能斷子之曲直。當先至子諾丁漢之工場，親學此機，而後盡余之力，為辦護。"遂以其夜乘車至諾丁漢，詳審其機器構造之原理，盡得窾要而去。既屆訊期，兩造皆集，遂陳織機模型於案。科伯萊為剖析其間發明諸事之精細，娓娓動聽，證為決非可以假託，聽衆咸服。希斯可特遂得直，而專賣權之特許，為鐵案不可動矣。希斯可特乃以所製機出租於人，始凡六百具，所收入租銀甚豐。織機出物，美而且速，用之者漸以日廣，線帶之價大落。計二十五年間，線帶之價，其始方三尺直五磅者，後減至五辨士。執此業者，幾十五萬人；每年出貨，平均在英金四百萬磅以上。千八百九年，希斯可特設工場於勒士泰州（Leicestershire）之盧薄拿（Loughborough），所需工人甚多，其工價增至每週五磅至十磅。操手技者仍怨己之失業，將結黨以毀工場之機器。千

---

❶　"代"，疑爲"夜"。——編者註

八百十一年，諾丁漢州西南部之亂民，公然白晝入諸織物工場，以圖破壞。亂徒有名拉德（Ned Ludd）者，實為之魁；所設工場，多受其害。官中獲其徒黨懲之，且捕拉德甚急，遂相率竄匿。未幾，事少懈，拉德復以其徒入盧薄拿工場，火之，計燬織機三十七具。是役也，希斯可特所失約一萬磅，視前為甚。後捕獲盜黨十人，以八人處死刑。希司可特欲使其地居民償所失，訟諸官，乃判居民償希司可特萬磅，此後遂無復毀工場之事。希司可特復建織線工場於德溫州（Devonshire）之提維頓（Tiverton），機器多至三百具，更出巧思，製蒸汽犁，為耕田具，世頗用之。後有福勒爾（Fowler）者，承其法別製，益以靈便用，然創始者實希斯可特也。希斯可特為人正直、誠實，勉於事務，尚以餘暇治法蘭西、意大利文字，皆至深造。工場所用工人幾二千人，無不敬愛之如父母。嘗出資六千磅，建學校於工場附近之地，使織工子女肄業其中。生平好振濟貧弱，其天性也。千八百三十一年，提維頓舉議員，希斯可特適當選，在國會議席凡三十年。千八百五十九年，以衰老辭職歸。越二年，卒，年七十七。

　　織工中以發明織花布機器稱者，又有法人約夸德（Jacquard），蓋里昂人也。父為織工，家甚貧，幼時無力就學，乃習業於釘書工之家。一老教師見其慧，稍教以算學。未幾，即能考算機器之能力，此老教師大驚，以語其父，勸使學他業，免沒其才，乃至一製刀店為學徒。主人遇之甚苛，又去至活字鑄造所習業。無何，父母並歿，約夸德思繼父業，因承父所遺之二織機，為織工，時時欲改良其織器。每致苦思，遂忘作務，至不名一錢，賣其織機，而償逋焉。又娶妻，益貧不能自活，則不得不並所居宅而亦賣之。約夸德既無所有，欲覓一職事自給，人皆以其好冥想而懶惰，無庸之者。久之，白萊斯（Bresse）有繩工，招約夸德往。約夸德往就之，留其妻里昂，製麥稈帽為活。自是數年，罕聞約夸德者。會法國革命起，所業益受滯礙。千七百九十二年，約夸德入里昂義勇隊。敵軍入里昂，乃逃至來因軍中，其子死於戰。約夸德又歸里昂，思有以慰其妻。是時，其妻固尚以製草帽為業也。約夸德欲繼前功，更出新意，以造織機，遂居里昂。晝執役於一工人之家，夜則思所以改造織機者。貧甚，所懷多不能達。一日，偶為主人言之，主人嘉其志，出資相助。閱三月，約夸德新製之改良織機告成。千八百一年，陳列於巴黎之博覽會，得獎牌。約夸德聲譽鵲起，國務大臣加羅（Carnot）親至里昂訪之。明年，倫敦工藝會社懸上賞募能造織魚網及船網之機器者，約夸德應其募，受上賞而還。會有稱其名於法國皇帝者，皇帝召見之，深相契重，命居藝術儲藏館，給以數室，厚餼之。於是約夸德益得盡心深思織機未善之處，欲一一改作之。館中多藏各種機器，足供參考。約夸德尤好伏岡孫（Vancanson）所造織花絹布之自動機。伏岡孫亦法人，幼時見鐘擺搖動，心樂之，漸悟其理，乃以木仿作自鳴鐘，晷刻無少爽者。又作小寺觀，發動其機，則寺僧坐作、進退皆見，靈妙無比。他多所製作，最後造織花絹布之自動機，為法國絹布製造監查官，旋卒。約夸德所見，即此機也。因修治其所未備，別為一機，逾月而成。約夸德之改良織機，至是始大成矣。乃以新機織布，獻諸約瑟芬皇后，大為拿破崙大帝所賞，特加厚賜，且命良工仿製若干，以廣推行。約夸德歸里昂，里昂工人聞其發明新機，以為將奪己之業，襲而投諸水，幸遇救不死。會英國織絹布者慕約夸德名，將請之赴英國，約夸德不忍去父母之邦，不許。英之製造家遂購其織機用之。里昂人恐利權外溢，始競用約夸德織機，織業為發達。千八百三十三年，從事織花絹布者已至六萬人，其後猶日有所增云。

已上所述，其所製機器，雖皆有所因襲，不過一部分之特創，要能獨出意匠，使一國生產界之情勢為之一變；其人及身受其榮富，而社會亦資其利益，固亦不得不謂之發明家也。往往貧無所藉，由一己之苦思厲志，卒底於成，真足為立身之良規也。

# 第四編　職業及處世

# 第一章　職業論

人生天地間，要須有業；游惰之民，自古所賤。古者士農工商，四業而已。今世界科學工藝，隨在發達，其為職業者，何止數十？此而不能擇一術以自立，真惰民矣！孔子多能鄙事，又曰："人而無恆不可以作巫醫。"鄧禹有子十三人，使各執一藝。人材性未必一致，長於此者或絀於彼，因其所近各俛焉。以盡其力，則世無棄材，各得其所。所謂治化，亦使人人並有其職業而已。儒者每薄商賈，此或為高明者言之，至於中人，何為較此？許魯齋且云治生為亟，則商賈亦未當非也。魯齋之言曰："為學者治生最為先務，苟生理不足，則於為學之道有所妨。"彼旁求妄進及作官嗜利者，始亦窘於生理之所致也。士君子當以務農為生，商賈雖為逐末，亦有可為者。果處之不失義理，或姑以濟一時，亦無不可。若與教學與作官規圖生計，恐非古人之意也。蓋生理為人所自然不可缺，必欲求生理而諱其名，則世習為偽。內好利而外言仁，其行殆商賈所不屑，豈徒如柳子厚所譏之吏商而已哉？進化之世，其商賈尤多有君子之行，且其成業治事，類有可稱者，非偶然也。今不專論商賈，但明人生職業之要，及職業所必須之道德，以見人人可以有業，惟在自勉之爾矣。

世之職業雖多，今茲所論，則實務是也。人人無不當致力於實務者。實務固不一端，其所以成之之道亦不同，然其所以成之之精神，則未嘗不同也。夫讀書不治事，無為貴士矣。西方之人亦每有輕實務者，不徒吾國為然也。如哈司立特（Hazlitt）以為人若一為職業所縛，便落卑近，終日處理俗事，倘大事當前，必乏想像，自最狹範圍之習慣利益外，殆無他慮也。其言似是而非。世固有狹量之科學家，有狹量之文學家，有狹量之立法家，亦安得無狹量之實務家？惟不可一概而論。伯克（Burke）（十九世紀英之政論家）於印度法案之演說有曰："世有如細商小販之政治家，亦有以政治家之心而行動之商人。"斯言諒矣！且為實務家亦談何容易。必有特別之才能，有統一多數人勤勞能力，有當機赴事之敏慧，有通達人情之實智，有勉力自修之恆心，有練習事務之經驗。凡成大功業者，所當其之性能，實務家無不當具之。歷史家海爾普（Help）有言："完全實務家之為世希有，亦如大詩人之為世希有也。"諺曰：惟事務能造人，人奈何薄事務乎？

世俗輒謬謂天才之人，不適治事務；治事務之人，不適有天才。斯邁爾斯謂有一青年因恥為雜貨商而自殺，蓋自謂己之聖智，不應為雜貨商所汙。是真可閔笑也！人之貴賤，了不關於職業。職業不能使人賤，惟人或使職業賤耳。所謂貴者，豈不以其心之純潔？所謂賤者，豈不以其心之穢濁？心在內也，純潔與穢濁在內者也；職業在外者也，亦求之內而已矣。世界之聞人，罕有不治生者。希臘七賢之首兌喇士（Thales），雅典第二建設者梭倫（Solon），數學家喜卑拉特（Hyperates），皆商賈也；拍拉圖旅埃及時，嘗以賣油所得充旅費；荷蘭哲學家賓羅莎（Spinoza），以磨玻璃為生計；植物學家林拿士（Linnaeus），以製靴為；英之大詩家索士比亞，執業劇臺；此人皆名播後世。詎以所業而賤耶，若是類，直難更僕數矣。

## 第四編　職業及處世

### 第一章　職業論

夫職業非惟治生而已。馬敦曰："職業之有益於人，勝於餘物。能堅人之筋肉，人之身體，周流人之血液，銳敏人之精神，矯正人之知識，覺醒其創作之天以其智力馳騁於世，鼓其志氣，使不甘碌碌，以充其男子之事，而盡人之所人之本分，故無職業者非人也。"未嘗以人之事自任也，雖骨與肉重百五十不可謂人；雖腦髓包頭蓋骨，不可謂人。必有此骨肉腦髓，為事人之事，思人思，行人之道，戴夫人之性與分之重，而後可以成為人者也。人生之不可無業蓋如此。

人之所以能成其事務者，亦不外於常道，忍耐、勤勉、與專心而已。此已於前數篇中述之。希臘人有言曰："無論何業，有三事決不可少，天資、學問、與實行是也。實行不已，從善不厭，已有所短，不憚立改，是謂大智。成事之秘，盡於此矣。不由正軌，而惟思倖獲，此無異賭博得金，君子不為也。倍根常曰："凡業務所由之路，愈近者必愈惡，愈遠者必愈善。欲趣善路，不可畏遠也。路遠則費時日經勞苦愈多，而其中所生之快樂，亦愈真實。雖尋常辛苦之業，若每日能完其定課，則餘時皆覺其甘也。"

然職業之有成，惟當倚賴自己，而不倚賴他人。凡吾身之幸福安寧，皆吾之力之所自為也。拉塞爾卿（Lord John Russell）嘗貽書梅爾本卿（Lord Melbourne），為詩人謨爾（Moore）之子道地，請為資助。梅爾本卿報書曰："以吾輩相與之厚，凡子之所命，吾宜無所不盡。然今之所為，求有益於謨爾也。以吾思之，行少分之惠於一少年，不可謂正，其害甚大，將以怠其發憤自勉之心，故不為也。敬為我告彼少年，當自造所自行之路，身之餓死與否，在其勉力與否而已，他非所敢知也。"

無論何職業，必有勤勉堅忍之功，始能濟之，此為前編所屢言者。然其間又當精細不苟，而循序不亂，人生雖至細之事，皆不宜忽。凡一家之破滅，一國之覆亡，其始皆起自細微之事，故其漸不可不謹也。治事之士，當養成精細之習，自能絲忽不妄。察物當精細，出言當精細，治事當精細，處處檢點，務令完善。行一小事而完，勝於行十事而未完也。昔賢有言曰："徐行者先至。"此言可味也。人雖有才具，有品行，而常疎漏脫略，則決不能為人所倚任。所為無論何事，不始終完備，不得不改作，如此則一生之間，唯煩擾譁鬧，不能成就一事也。福格斯（Charles James Fore）者，英之大政治家也。其生平任事，不避勞苦，為國務大臣時嘗以書法拙惡，為人所辱，因憤而從師學書，如童子之摹習，久遂善書。福格斯體至肥碩，然好為打球戲，拾球甚覺輕捷。或問之，答曰："予不厭苦為之，故能至此。"蓋於小事而精細用心者，則大事之精細可知。譬如畫工作畫，無一微點可以輕心掉之也。

　　人之作業治事，又貴循序。能循序者，不求速而自速。牧師塞西爾（Richard Cecil）之言曰："凡事能依其序而為之，其效至大。譬如置物於箱，凌亂置之則易盈，善裝箱者，常視拙者能多裝入一倍之物。"塞西爾治事，敏捷異常，其名言曰："作事之捷法無他，惟一次止作一事而已。循序做去，毫不躐等，成效之速，不可思議。"

　　夫能精細而循序者，必有恆者也，必專心者也。一事之成敗之差，其幾至微。成者守其一事，孳孳不已，故常能有成；敗者今日為之，明日敗之，右手作之，左手破之。有恆者常轉禍而為福，因敗而為功，非必其才能之殊，即其乾乾不息之效也。馬敦曰："人若往來但擲空梭，決不能織成人生之布。"嘉徠爾曰："專心以治一事，雖懦者必有所成。"強者往往愛博不專，欲以一身治多事，其力既分，終難成矣。譬如滴溜能穿巖石，奔流激巖其跡不見也，故精力

第四編　職業及處世

第一章　職業論

之凝聚，其功實多。今之時代，一精力凝聚之時代也。昔求一馬力之器械，今求一器械而有十馬力者代之。故社會之上，亦求一人而有十人之力，所知不必多，能精一鄙事，勝於博學而不精也。偉人者，大抵皆專心之人，成功家大抵皆積精一事而不懈之人。哲羅德（Jerald）之友人，知二十四國之語，而無一精者。世間此類，正不乏也。

文學家硜士來（Charles Kingsley）曰："余方為一事時，則不知世間復有他事。"此在勉力者類能知之，然行之而自得其樂者罕也。世之終身碌碌者，皆坐以細事分割精力，而不知專注一事。李通卿（Lord Lytton）嘗語人曰："世人多以余平日事務甚繁，而能有暇讀書，且著述如此之多，詫為怪事。或問余以何方法，得此餘裕之日月。余答之曰：'余之所以能多有所作者，正在平時不使所作過多。'凡成大事業者，必當愛惜精神，勿令大勞。今日大勞，則明日必大憊；今日所作愈多，明日所作必愈少。吾持此道，既已出於大學，立於社會。在學生時代，學生人人同讀之書，吾亦無所不讀。此後吾又多旅行，多所觀察，如政治得失之林，及其他事為之要，吾亦無所不論。及今著述之刊布於世者，餘六十種，其中非必無高深之理。然吾平日以讀書著述為事，率每日不過三小時，而當國會開會之時，猶不在此例。惟在此三小時中，則以吾全力注之而已。"

法律家沙登（Edweard Sugden）曰："方余學法律時，余非於此一事。完全通澈。悉有諸己，則決不著手第二事。凡同學諸生一日所讀畢，吾以七日治之而尚覺其難。然至年終，吾之所誦，尚歷歷盡記，而彼輩則多忘之矣。有恆心者不可不割愛，不可不有一定不易之目的。事多則心滋亂，而失其精力；精力一失，何事可成？至於目的，不必務要高遠，要其必至。寶石能鐫為天女，須用小小槌鑿一刀一畫，乃得成就。未學彎弓，則放矢雖遠，必不中的。故人人但能就當時實用之目的，集聚其精力以為之，其有益國家，便甚大也。"

然人之於職業，有宜於此而不宜於彼者。欲因材而各適其適，則不可不有自見之明，雖改業無傷也。有一商家傭一少年，主人憤其無能，將逐之。少年曰："吾必有以益君。"主人曰："子不能也。"少年曰："吾必非無用之材。"主人曰："子有何能？"曰："吾亦不自知，惟主人審以處我。"主人曰："吾亦不知。"少年曰："吾固自知不能任衒賣之事，惟主人審以處我。"主人乃改用之會計課，綜覈甚精，嶄然露頭角。不數年，進為一大會社之會計課長，為有名之計算家。故凡事已傾全力注之，而猶未能成者，即當虛心以審吾材性之宜否。葛德時彌（Goldsmith）本學醫，後悟其非己所任，乃潛心文學，卒成有名之《威克斐牧師傳》及《荒村歌》，為世所稱。科伯爾（Cowper）本為律師，屢遭失敗，後為詩人。法之莫禮愛（Moliere）福祿特爾，皆棄其律師，而為文學家、哲學家。鳥類學者威爾孫（Wilson），其始常經五次改業。故人雖不可不有強固一定之志，然當其性之所不近，亦宜知所變通以終期於有成也。惟變通之後，便要專心緝志。世界大矣，職業多矣，斷無一事不可為之人也。

改業雖無所不可，然亦必屢經失敗，必不得已而後為之。豈有終日懷改業之志，以從事於職業者？故最初須是安心職業。未及丁年之男女，能於其職業或學科發揮其異常之才能者極尟。故男女在十五歲或二十歲以前，其將來之職業，頗難斷定，惟當鼓舞其興趣，使樂其目前所治之事而勿怠其義務耳。斯邁爾斯從事一極不相適之業，能處之以真摯不倦，遂成一有益之著述家。人必忠於當時所操

## 第一章　職業論

之職業，卽為忠於父母，忠於主人，忠於己身，忠於社會之道。於職業不肯放棄其責任，久之興趣自生，而有相當之成功矣。夫職業之多，人材之衆，其處地不適者何限？不啻人人皆易地而快之心。雖然，易地果卽為適乎？如易地而果卽適，則選擇之機，亦何時不有乎？使吾之本能而強也，欲為大匠則大匠矣，欲為醫師則醫師矣；使吾之本能而弱也，則於選擇之際，不可不愼。世界固並供吾人之用，富貴功名，寧復有種？然富貴功名，不能人人得之。盡心於一己所為之事，而必完其本分，則人人所能得之而不必有待者也。世人惟以速成為務，不知審己之所短，故動見竭蹶。未有自知己之才而失敗者，亦未有不自知己之才而貿然有成者，亦求諸己而已矣。

人生以職業為最貴。女子之地位，所以遜於男子者，亦職業之限制使然也。今世女子進步，稍勝於前。昔日立名成業，為男子所獨有之特權，今則女子亦可勉而跂之。歐洲女子有著述家，有事務家，近且汲汲於參政之權，蓋其才智未必邃與男子相遠，惟境遇相沿之有異耳。社會日進，則女子從事職業者必日多，故職業問題，是男女共通之問題也。

## 第二章　惜時論

　　古之成大功者，無不愛惜光陰。能愛惜光陰，則敏捷而無留事，常能人之所不能，此最不可忽也。法國一大臣，處理事務最繁，而常暇時以游劇場。或怪問其何得從容游樂如此，答曰："吾於今日之事，決不延之明日，故能如此也。"英國一政治家，作事輒敗。或論其所以敗之故，卽事之可延於明日者，決不於今日為之是也。此不僅政治家，凡治事而嬾惰者，殆皆不免於此，皆不知時之足貴也。世間失敗者，率坐嬾惰，成功者率由勤勉。勤勉與嬾惰之分無他，知惜時與不知惜時而已。時者我之時也，我欲為之事，我自及時為之。不及時為之，而或委之他人，是決不能成事也。英國有一紳士，家本富饒。每年農田所收租不下五百磅。故性嬾惰，多所逋負，遂鬻其田之半以償債，而以其餘租與一勤勉之農夫，約期二十年。不數年，農夫盡納其租，而問主人肯賣此田不。主人驚曰："豈汝買之耶？"答曰："然。值幾何矣？"主人曰："我昔之田，一倍於此，皆我自有，不須納租，而不能守，終售其半與人。子僅耕且半，年且納二百磅於我，不數年而遂有買此田之資，不亦異乎？"農夫曰："是無以異為也。子安坐袵席，玩歲愒日，待人而行；吾蚤作夜思，一切自任，故積時累月，卽足買子之田矣。"一少年方筮仕，問斯各脫曰："何以教我？"斯各脫告之曰："無虛度汝時。"虛度汝時，久

第四編　職業及處世

第二章　惜時論

則成習，無有不躓，此婦人之喻也。事當為之，卽時為之，事畢而後休，勿游息於事前。譬如行軍，前隊被阻，則後隊必擾。前事委滯未了，後事沓至，將以一日幷治數日之事，未有不手忙脚亂者也。

　　意大利一哲學者，常以光陰如田園。有此田園，不知耕耘，則不生價值；勤勉以治之，其穫必多；若任其荒廢，不特無所利益，且生稂莠惡草。嬾惰之人，虛度光陰，何異有田園而蕪穢不治者？故嬾惰之頭腦，為魔鬼之工場；嬾惰之軀體，為魔鬼之衽席。惟勤勉之地，乃人之所居也。不知勤勉，則妄想之戶開，魔鬼乘虛而入，罪惡連袂而進，可不懼乎？事務家之恆言，以為光陰卽黃金，此非空言也。同一光陰，用之而當，可以改過自修，成其德性；用之而不當，徒付之無何有之鄉，日月一過，便成枯落。古今大事業，無非成一時之決心。一時決心為善，時時持其善念，不令歇絕，如此至久，雖愚人必變賢，惡人必變為善。卽如每日以十五分鐘，學習一事，加以歲月，亦必有得。雖至短之時，皆不可忽。納爾遜將軍嘗曰：余平生為事，嘗在定時十五分鐘以前。余生平所以成功者，莫非此習慣之賜也。"光陰者人人所同有，世人但惜金錢，不曉惜光陰，任其怠忽，以至老死，固所自取，何與人事也？

　　旣知光陰之足貴，則作事當嚴守定時，不愆晷刻。法王路易十四曰："嚴守定時，是王者之義。"雖然，豈徒王者？嚴守定時，直人人同有之義務也，在事務家為尤要。蓋人能踐期，則能得他人之信任；不能踐期，則不能得他人之信任。有人於此，約某日某時至友家，至期不爽，則不惟不使人忽略其光陰，且能珍重自己之光陰。不忽畧光陰，必不忽畧事務；不忽略事務，卽為可付以重要之事之證。反此而不以光陰留於念慮者，必不以事務留於念慮者也，雖小事亦不可委託。昔華盛頓之秘書官，偶逾定時始至，輒曰："吾之時

89

辰表偶遲。"華盛頓徐曰："汝必別求時辰表，否則余必別求秘書官。"人而忽畧光陰，足以損他人治事之秩序。與人交際而常後時，或不得不為人所怒，且己之治事，亦不免棼雜。所如皆左，與事務相左，與成功相左，終為不幸之人而已。

愛惜光陰者，雖一瞬之時，亦不空過。蓋時雖至暫，善用之而積久不懈，往往有大功。一月之中，不空費一日；一日之中，不空費一時。如是十年，卽中材可成一業。醫士馬孫古德（Mason Good）翻譯羅馬盧克來提士（Lucretius）之詩，每出為人診疾，輒於車中屬草。達爾文著書，亦每以車中所思得者，記之於紙。巡回裁判使海爾（Hule）於旅行道中，成思索錄一書。博士培尼（Burney）以音樂教人於外，每日乘馬往教，恆於馬上習法蘭西、意大利文字。詩人槐特（Kirke Whitt）日往一律師事務所，於往來之途中，習希臘文。法國大法官達格索（Daguesseau）每以待食之頃，執筆著書，久之裒然成帙。秦禮斯（Genlis）夫人，每日教授公主於宮內，或時未至，卽綴文以待，其間遂成數書，文詞絕妙。巴里特（Burritt）一冶工，以工事之隙，習古今十八國言語，並通歐羅巴二十二種方言。故雖最短之光陰，其益人亦不淺也。

英國牛津大學日晷上題語曰："良時一去，其善其惡，視吾人所用。光陰常在而永久不磨，而其屬於人者，僅此瞥然之一瞬。"哲克孫（Jackson）有言："今日所失之財，可由異日勤儉而償之，今日所失之時則不復取償於明日也。"麥朗克敦（Melancthon）常以所失之光陰，詳記於冊，以自勉勵，務不使一時虛過。一意大利學者，榜其門曰："有過我門而入我室者，吾當與之共勞作。"古人之愛惜其時如此。

馬敦曰："時如吾輩之友，日日相訪，而不見其形。恆於吾人不覺之時，持無價之寶以進；若棄而不省，彼即悄然自去，不復返矣。每朝必挾新物以進，然吾人於昨日前日，未受其物，則利用之力，漸次減少，終至不能利用之。失財者可積勤儉而復得，失學者可積誦讀而復得，失其健康者可積醫藥調養而復得，至於失其時至莫復得之矣。"

偉人如格蘭斯頓（Glastone）之天才，平生常置一書於衣袋中，恐一時之光陰，或至空過也。況中人之才，不自勉强，或虛度一日乃至一月一年，而漫不加惜乎？發乃德（Michael Faraday）方為傭於釘書工之家，暇時輒耽化學之實驗。嘗寄友人書曰："吾之所求惟光陰，當世之縉紳先生，亦有餘暇之時日，而肯以廉直出售者乎？君其為我留意焉。"古今名人，為學著文，不肯須臾自暇者，猶不止前所述，更略記一二於此。西塞羅曰："他人每以暇時行樂，或休養精神及身體，余則以此時研究哲學。"該撒曰："方兩軍激戰，予處帷幕之中，頗以其時得思餘事，有所發見。"一日舟覆，泅達海岸，手中尚持所著《Commentaries》之原稿，蓋舟中方執筆為此書也。德國文豪格泰（Geothe）方候謁一國君，忽感及伏師特（Faust）之事，即退至別室稍待，草記所念，以備遺忘，而後修謁。後因此作《伏師特》劇，為世界之名著。詩人蒲白（Pope）每有新意，雖在深夜，必起而記之。格羅特（Grote）之《希臘史》，皆在銀行中暇時所作。莫撒德（Mozart）愛惜寸陰，嘗當著文之際，一日二夜不寢。晚年臥病牀榻，其名篇《Requiem》實輟筆臨終之際。戎孫博士（Dr. Johnson）以一週間傍晚時之餘暇，成《那舍那士傳》（Rasselas），卒以供葬母之用。皆勤勤不妄費一時者也。

成功者之成功，在善用此五分鐘；失敗者之失敗，在浪費此五分鐘。雖至微之時，而關係有絕大者，不可不審也。以該撒之英雄，得一書未及開封，一時之猶豫，而遭暗殺之奇禍。拿爾（Rahl）大佐為司令之際，貪作葉子戲，適得一報告書。時華盛頓之軍，已越德賴維爾（Delaware）大佐置而未閱，投諸衣袋，局終啟視，乃愕然大驚。亟召部下，為國家效死，時已無及，竟不交一兵，全軍為虜。此並不過數分鐘之延誤，所謂間不容髮者也。古之志士仁人，其處心積慮，造次必於是，顛沛必於是，不敢須臾怠忽，豈無謂哉！

今日之事，不可以待明日，是最善用光陰者，前已言之矣。科頓（Cotton）嘗曰：「慎勿言明日。明日者，如詐奪汝財產之惡人，雖有金錢不以畀汝，但矢空願，但為虛約，終不可得。明日之時，惟見於愚者之曆書，智者不屑口之。明日之子，名曰妄想；明日之父，名曰大愚。以夢中之材料，製出卑下之暮氣，是即明日也。有作事垂成而敗之人，長太息曰：『我竭一生之力，以求所謂明日，明日又明日，遂送我之一生。』悠悠忽忽，真可畏也！」

一日之間，惰氣所生之時，言者絕殊。或以惰氣生於晚食以後，或以生於午食以後，或以通常晚七時後惰氣生矣。要之勤勉之人，不見此區別，無論何時，莫非自勵之時也。然昔人多尚朝氣，如韋伯司特（Danial Webster）每以朝食前作書二三十通，亦是重朝氣矣。既重朝氣，不可不早起，吾國教人早起之說甚多，不煩臚舉，今略舉西方之士言早起者。早起固亦愛惜光陰之一道也。馬敦記一文士之言曰：「寢榻可為一大怪物。方其寢也，覺有所憾；及其起也，又覺有所恨。夜之即榻，心決然以為當早起；早之去榻，身戀然若不欲起。寢榻豈非怪物乎？」世之名人，多早起者。彼得大帝日出前即起，曰：「吾欲長生，故常短眠。」亞福來德大王（Alfred the Great）亦早起。哥倫布士發見美洲之志，定於清晨。拿破崙之作戰計畫，亦多定於淸晨。哥白尼與其他天文學者，往往早起。美之華盛頓、哲斐孫（Jefferson）、韋伯司特皆早起之人也。早起之益，實不可量。康王晏起，關睢作刺。晏起實一人一家墮落之第一因。無論何人，夜睡八時已足，亦有睡七時卽足者。旣睡八時之後，便當起牀，作速整衣，以趣事務，庶無廢時也。

## 第三章　節儉論

　　吾國古多崇儉之訓，而墨家主之尤力。然墨子之言節儉，如《節用》等篇，多在以限制人君之奢侈，非盡為箇人立身之道言之也。至於古訓中論家人節儉之道，最為後人所稱者，莫如宋陸梭山《居家制用》一篇。梭山蓋象山之兄，言有根柢，今載其略於下。
　　今以田疇所收，除租稅及種蓋糞治之外，所有若干，以十分均之。留三分為水旱不測之備，一分為祭祀之用，六分分十二月之用。取一月合用之數，約為三十分，日用其一，可餘而不可盡，用至七分為得中，不及五分為嗇。其所餘者，別置簿收管，以為伏臘、裘葛、修葺、牆屋、醫藥、賓客、弔喪、問疾、時節饋送；又有餘，則以周給鄰族之貧弱者、賢士之困窮者、佃人之饑寒者、過往之無聊者，毋以妄施僧道。
　　其田疇不多，日用不能有餘，則一味節嗇。裘葛取諸蠶績，牆屋取諸蓄養，雜種蔬果，皆以助用。不可侵過次日之物，一日侵過，無時可補，則便有破家之漸，當謹戒之。
　　其有田少而用廣者，但當清心儉素，經營足食之路，於接待賓客、弔喪問疾、時節饋送、聚會飲食之事，一切不識，免至於求親舊，以滋過失；責望故素，以生怨尤；負譴通借，以招恥辱。
　　居家之病有七：曰笑（如笑罵戲謔之類，一本作呼，如呼盧喧嚷之類。）；曰遊；曰飲食；曰土木；曰爭訟；曰玩好；曰惰慢。有一於此，皆能破家。其次貧薄而務周旋，豐餘而尚鄙嗇，事雖不同，其終之害，或無以異，但在遲速間。夫豐餘而不用者，疑若無害也。然己既豐餘，則人望以周濟，今乃恝然，必失人之情，既失人情，則人不佑。人惟恐其無隙，苟有隙可乘，則爭媒櫱之，雖其子孫，亦懷不滿之意，一旦入手，若決隄破防矣。

前所言存留十之三者，為豐餘之多者制也。苟所餘不能三分，則有二分亦可；又不能二分，則存一分亦可；又不能一分，則宜撙節用度，以存贏餘，然後家可長久。不然，一旦有意外之事，必遂破家矣。

前所謂一切不講者，非絕其事也，謂不能以貨財為禮耳。如弔喪，則以先往後罷為助；賓客，則樵蘇供爨清談而已；至如奉親最急也，啜菽飲水盡其歡，斯之謂孝；祭祀最嚴也，蔬食菜羹，足以致其敬。凡事皆然，則人固不我責，而我亦何歉哉？如此，則禮不廢而財不匱矣。

前所言以其六分為十二月之用，以一月合用之數，約為三十分者，非謂必於其日用盡，但約見每月每日之大概。其間用度，自為贏縮，惟是不可先次侵過，恐難追補，宜先餘而後用，以無貽鄙嗇之誚。

梭山家居制用，蓋本諸王制所以制國用者，而施之於家。雖似以家為本位，在當時之社會，實為適當之節儉法，不失儒家本色。至其生計之本，則歸之於農，然治其他職業者，固未嘗不可以此推之也。以見本末具有條理，切實可行，故錄之。

古人以儉德名者，尤無代無有。然晏子一狐裘三十年，或以為太儉；公孫弘布被脫粟，或以為作偽。今惟著宋以來諸賢數事，可以觀焉。范忠宣公平生自奉粗糲無重食，不擇滋味，每退食自公，易衣短褐，率以為常。子弟有請教者，公曰："惟儉可以助廉，惟恕可以成德。"蘇子瞻曰："吾借王參軍地種菜，不及半畝，而吾與子過終年飽菜。夜半擷而煮之，味含土膏，氣飽霜露，雖粱肉不能及也。人生須底物，而乃更貪耶？"因作詩云："秋來霜露滿東園，蘆菔生兒芥有孫；我與何曾同一飽，不知何苦食雞豚。"遂題其《蘆日安蔬》。汪信民嘗言："人能咬得菜根，則百事可做。"胡康侯聞之，擊節嘆賞。胡壽安在官，未嘗肉食。其子自徽來省，居一月，烹二雞。公怒曰："飲食之人，則人賤之矣。吾居位二十餘年，嘗以奢侈為戒，爾好大嚼如此，不為吾累乎？"司馬溫公在洛下，與諸故老時游集，相約酒行果實食品，皆不得過五，謂之"真率會"。嘗自言曰："先公為郡牧判官，客至未嘗不置酒，或三行，或五行，不過七行。酒沽於市，果止梨、栗、棗、柿，肴止於脯醢、菜羹，器用瓷漆。近非內法，果非遠方珍異，食非多品，器皿非滿案，不敢會賓友，常數日營聚，然後敢發書。苟或不然，人爭非之，以為鄙吝，故不隨俗奢靡者鮮矣。嗟乎！風俗頹敝如是，居位者雖不能禁，忍助之乎！"章楓山曰："待客之禮，當存古意。今人多以酒肉相尚，非也。聞薛文清公在家，賓客往來，只一雞一黍，酒三行，就食飯而罷。又魏文靖公在家，賓客相望必留飯，止一菜一肉。此皆昔賢之節儉可風者也。"王衍平生不言錢字以為高，然此資生之道，又安得不加意也。斯邁爾斯曰："人生當思如何而後能生財，如何而後能積財，如何而後能用財。為之處分之法，而驗之於實事。金錢雖非人生所當最重，然亦決非細事也。凡身體之便安，社會之福祉，其有賴於金錢者正多。人之美德，如所謂寬大、忠厚、信義、清廉、勤儉、遠慮皆於處金錢而得其正者，有密接之關係；人之惡德，如所謂貪鄙、欺詐、私慾、奢侈、疎忽，皆於處金錢而不得其正者，有密接之關係。"泰洛爾（Henry Taylor）著《原人之書》，有曰："人之於金錢。宜有當然之道。凡我貸之於人，及人貸之於我，與施於他人，遺於死後，而皆合於當然之道者，如是可以為完人矣。"

人無遠慮，必有近憂。人之節儉，非徒為目前之生計，蓋將以防後日之空乏。能克制己之私慾而全乎其德者，非自本極儉之人不能。尚儉之說，固為有弊；視導人以奢，固有間也。淡泊自甘，於目前衣食，不求美好饜足，而為後日安穩之計，此人人所當勉也。勤於職業者，往往能多得金錢，然飲食之徒，得之雖多，散之亦速，一旦有故，赤貧立致，將何益矣？英國拉塞爾卿以工人飲酒而稅重議減酒稅，夫減酒稅固不得不為仁政，然求所以利於工人，不如教之甘淡泊而戒沈飲也。

夫人以心手之力所得之資財，而徒以盈口腹之慾，是其人必入下流，以至於衣食不給而後已。科伯敦（Cobden）嘗集工人而訓之曰："天下之人雖多，不出二種：一為能存貯金錢之人；一為徒耗費金錢之人。"約而言之，卽奢侈之人與節儉之人而已。世間宮室之壯麗，工場之廣大，橋梁舟車之繁備，及其他為社會文化之助，而為人生福利之資者，皆節儉存貯金錢之人之所造成也。至於浪費金錢之人，徒為節儉者所役使，而仰其供給焉。此天地自然之法律，卽天道報應之理也。然則嬾惰之人，不知遠慮以為後日之備，則能自樹立者鮮矣。

節儉者雖極貧之人，而積其勤勞所得，可以致獨立之生活。倍根之言曰："節儉之道，與其競小利，毋寧省小費。"善哉言乎！故能謹貯其浪費濫用之金錢，以為終身資產之基，卽自主獨立之要道也。浪費金錢之人，不能保其身，非他人敗之，自敗之也。不知責己，徒怨世人，豈不惑哉？且節儉非吝嗇之謂也。己有餘資，則可分其惠以及人，為慷慨義俠。有益於世之舉，此金錢之正當用法也。若徒積財以自豐，何以異於守財虜哉。斯邁爾斯曰："儉節為善德，而吝嗇為惡行。"閉塞仁愛之心，縮小寬大之量者，是吝嗇也。斯各脫曰："辨士（錢幣）殺人之靈魂，白刃殺人之肉體。二者相較，辨士之殺人多矣。"故為辨節儉與吝嗇之分於此。

節儉則有以獨立自資，而免於借貸之害。西諺曰："空囊不能直立。"負債之人，其猶空囊不能直立乎？人一負債，則行為必不真實。諺又曰："欺偽者騎於負債之背。"負債至期不能償，則每飾虛辭以塞債主。故借債進一步，欺偽亦進一步。借債欺偽，互相追隨而無有窮已，豈不哀哉？畫家海登借債於人而歸，嘆曰："古語謂借債與借憂俱來，今親嘗之而益信。"一少年入海軍，海登戒之曰："無錢時不可游樂，不可借他人金以為游樂之資，借金是自賤其身也。"吾周非謂不可以金借人，然若以我借金於子之故，使子無以為償，是因我借金而累子之行也，是不可也。戎孫博士嘗以早年舉債，為人生敗壞之基。故人當恆念借債之不便，以借債則將失其自由，為人生最大之禍。立志不借人一錢，而安於節儉。惟求自助，而深知未有他人能助我者，如是庶幾免於借債之禍矣。

凡人不宜疎畧事務，金錢出入之數，宜一一為籍記之。雖係小小算計，其後常得大益。時時著意，可使己之費用，不溢於資產之外，此量入為出之道也。洛克曰："人欲守其分限，不越規矩之外，嘗以金錢出入之籍，時存心目，是為立身之良法。"惠靈吞（Wellington）於金錢出入之數，皆自加綜覈。嘗謂人曰："予嘗誤信一僕，使償人金。一日破曉，見債主立門外，因廉知此僕得金，實未往償。自後遂不假手於人。"又論負債之害曰："負債則主人化為奴隸，予雖當極匱乏之時，而不索借於人。"華盛頓之為人，亦如惠靈吞，其治事務，雖纖細不遺，故家用絲毫不踰常軌，計算甚嚴，能以己之產業營生計，而不失正直廉節之道。其後卒成美洲獨立之功，蓋平日細事亦有法也。英水師提督哲維斯（Jervis）為著名大將，嘗自述其節儉償債之事曰："余先世家族甚衆，而貲產不多。余之出也，余父畀以二十鎊。使圖自立之道。余平生所受於吾父者，唯此二十鎊而已。既而得從事於水師，負債二十鎊，具書一單，乞吾父為償之，吾父不許。余甚懊喪，然自是決心，以後當不復負人錢。於是在船不與軍官同食，攻苦茹淡，衣服皆自澣濯補綴，又以臥被製袴，冀儲蓄金錢，以償所負，而恢復吾之名譽。由其時以至今日，吾皆兢兢不敢濫用溢於所入之外。"哲維斯忍貧苦者六年，遂成其學，後封伯爵，有大勳於國。

　　人之不能節儉，率坐好飾外觀、衣服、游樂、以為得意，不知外貌之優美，不足以定人生之品格也；而滔滔者竟以是墮落，豈不可嘆！求為節儉者，須先有克己之功，見紛華盛麗而無動於中，以自趣於廣大高明為志，斯節儉之習，不養而自成矣。一錢雖少，而千家萬戶之所以得安樂者，其始亦由於謹用一錢，而慎蓄其餘。念農工之勤苦，每日所得幾何？則用財自不忍濫。念凶歲飢饉，親戚邑里，或不免於流亡，則知浪費之足悔也。萊特（Thomas Wright）者，鐵工也。一日忽思罪人之被赦而復為民者，未嘗不欲改過自新，苦無所藉以謀生，則至再犯罪蒙惡，毅然冀得當以濟之。萊特自早六時，至晚六時，皆執役於鑄鐵場。直休暇，卽往救助被赦之罪人，使得職業。十年之間，所救助者三百餘人。此事須錢財，須光陰，須精力，萊特一鐵工，歲入不及百鎊，然不妄用一錢。其所貯者，不僅以惠罪人，而且以畜妻子，且以備己之老病。蓋恢恢乎若有餘焉，亦足異矣！萊特真能善用其金錢者也！

侯穆勒（Hugb Miller）少年時，嘗為泥工。一日工罷。同儕聚飲。侯穆勒大醉，歸家後偶閱《倍根文集》，字畫如跳躍，茫然不知其意義所在。因自嘆曰："如是者將喪吾天爵，而伍於下流，可不懼乎？"自是不復飲酒。大抵勤勉與節儉二者常相待，能勤勉者多能節儉。蓋其發憤厲志，習之已久，心不放逸，無由濡染侈靡也。勤勉與節儉為人生之正道能，由此正道，雖操勞苦卑下之業，不足為愧，且有由是成大功名者。合衆國有一大總統，少時曾為木工。及任總統，或問其微時事，即慨然告之。僧正弗禮西爾（Flechier）少為燭工，有譏之者。弗禮西爾答曰："使子與我易地，今猶為燭工可也。"夫操業亦烏有貴賤，其人自貴賤之已耳。

西諺教人節儉自力者甚多，姑錄一二。如曰謹用辨士，則金鎊亦自整理；曰勤勉者幸運之母；曰不勞苦則無贏利；曰不出汗則不得甘；曰天下者勉力堅忍之人之天下；曰借債而生，寧不晚食而睡。以色列王所羅門（Solomon）之格言，亦有可味者：如曰怠惰之人與浪費之人兄弟也；曰蟻夏而備糧，秋而斂物，其智足師；曰貧乏之至，速若過客，迅如武士；曰勤勉之手，富自造出。然節儉非以求富也，節儉為德行之一，而富與德行，自是二事。固有由節儉而富者，既富而知散之於正業，亦可以成德矣。

# 第四章　誠實論

處世之要，誠實最為第一。劉元城見司馬溫公，問盡心行己之要，可以終身行之者。公曰："其誠乎？"劉問行必何先，公曰："自不妄語始。"能誠實則無虛華傲慢之習。王陽明曰："後生美質，須令晦養深厚。天道不翕聚則不能發散，花之千葉者無實，其英華太露耳。"又曰："今人病痛，大段只是傲。千罪萬惡，皆從傲生。"傲之反為謙，謙字便是對症之藥。然非徒外貌卑遜，須是中心謙讓。常見自己不是真能，虛己受人，堯舜之聖。只是謙到至誠處，能誠實則與人有信。周恭叔未三十，見伊川，持身嚴苦，塊然一室，未嘗窺牖。約婚母黨之女，登科後，其女雙瞽，遂娶焉，愛過常人。伊川曰頤未年三十時，亦不能做此事。劉廷式既定婚，越五年，登第，其所聘女已雙瞽矣，女家力辭不可以配貴人。劉曰："失明於定婚之後，義不可棄。若此女某不娶，將何所歸？"爰擇吉成禮，夫妻相敬如賓，每攜手而行，生二子，後瞽女以疾卒，廷式哀哭不已。時東坡為太守，慰諭之曰："哀生於愛，愛生於色。君娶盲女，愛從何生？"廷式曰："某知亡妻哭妻，不知其有目與無目也。"東坡撫其背曰："真丈夫也！"瞽女生二子，皆成名。夫寧娶瞽女而不肯失大信，可謂誠實矣。吾國以誠之一字，為作聖之功，其義高遠，不悉及焉。

斯邁爾斯曰："古人謂端正信實，為最善之處世法，此非空言也。"人生日用之間，能端正誠實，則萬事之利，由之而生。侯穆勒始為商，其諸父戒之曰："凡汝賣物，當自權量，常於物價相準之際，少分餘利於人。能存心如此，後必有獲。"有賣酒家，以賣酒致富。其釀酒多用麥芽，每至桶處親嘗其味曰："尚未旨也。"更加麥芽，如是酒果旨。此賣酒家非必為獲利，其品行誠實，不願以不旨之酒售人也。而酒果大售，遍英國及印度，無不知其酒之旨者。夫言行之誠實，人人所當勉，蓋萬事之根本。而商賈工人之於廉信，兵士之於氣節，教徒之於慈悲，尤不可絲毫不存於其間。世間之職業，未有卑賤，不能誠實，是自卑賤之矣。侯穆勒嘗論其師之為石工者曰："彼能置其心於所斲之石中。"凡用志不分，是即對於職業而能誠實，是之謂能敬其事。真正工人未有不十分盡心於工事者，所作務求堅固，惟恐草率。嗚呼，推之薦紳先生，亦何莫不當然矣！

　　貿易買賣之事，較諸其他職務，尤能試人之品行。其與人交也，若正若邪，若曲若直，若公若私，若誠若偽，莫不洞然呈露，毫不可掩。故為商賈，而能公平正直誠實，其光榮比於軍士之氣節，不惟為他人所信任，且國家社會之進步，亦視通常商賈誠偽之度以為差。入其國而市無定法，工無定價，務相欺罔，以自圖利者，充塞於市，則其國文化之度，必有所未至也。富商大賈，乃至銀行，往往以多數金錢，付於僅營衣食之店中徒夥，而侵盜欺騙，敗壞信義者獨少。蓋因創辦商業之人，其始多半以誠實之意相孚，久之則誠實遂為商人之習慣。商人信任所驅使之人，較諸誓約尤堅，可見商業根本所在矣。英人以商戰雄於世界，其國人類重品行，有名之商人，多獲誠實之譽。及至今其社會之上，以欺詐為營業者，猶覺較少於他國，此其商業之所以盛與。

## 第四編　職業及處世

### 第四章　誠實論

端正信實之人，雖獲效致利，容不能如有詐謀詭計者之速，然其發達之際，恆真實而堅固。雖或一時困躓，能守己之品行，不越尺度之外，終有以得社會之信賴也。倫敦鸎鐘表者曰谷拉含（George Graham），其人信實不妄，每幫鐘表於人，必自定保險之期，期內如有差忒，可返之谷拉含。有紳士購一表，谷拉含語之曰："此表如七年後時間有五分之差，子仍以還我，我還子錢。"紳士赴印度，七年而歸。往訪谷拉含，告之曰："子之表已遲五分。"谷拉含視之曰："真我所製也，吾尚憶吾之言。"立返其金。紳士見其誠也，曰："予仍願以十倍之價，取回此表，蓋予不願離此表也。"谷拉含曰："先生休矣，吾決不能破吾之信。"因懸其表以自厲焉。谷拉含之師曰湯平（Tampion），作藝精巧稱於時，亦誠實不苟人也。其製表也，鐫名於上。一日有求其修表者，上鐫己名，湯平察是贗物而託己名者，引槌碎之。客愕然，乃自架上別取一表贈之曰："此真湯平之表也。"

剛伯里亞（Cambria）鐵道會社，傭職工七千人，而莫理爾（Morril）為管理人。或詢其營業何以發達至此，必有祕訣。莫理爾曰："吾輩之祕訣，惟加工以擊軌鐵，務使製品精好而已，此固人人所知之祕訣也。"

誠實之人，其處事必矜慎不苟。溫西（Leonard de Vinci）之名畫《最後晚餐圖》，其布置點景與彩色間，有小小未當，終日步行徘徊市中，思所以改作之者，不得當不已。解里登（Sheridan）曰不假精思而成之文，率不足讀。其所為喜劇，多屢經改竄而後定稿。一書賈得蒲白之原稿，告人曰："此稿無論何一行，無不經蒲白二次改定者。余曩得改定稿，卽使工人排就，送諸蒲白自為校訂。校後持歸，則又各行皆有所改矣。"嵇朋之《羅馬史》，改定至九次。其第一章，改至十八次。其餘名人著書，多有積數十年之心力，易稿至十餘次者，皆對著述之事，誠實不苟，故如此矜慎也。其事偶有見前數編者，不復贅焉。

誠實之人，無論為工為商，其處事必不苟。一為製造業者有言曰："汝若製一蒸汽機器而拙，不如製一針而精也。"蓋能製劣品，雖累數十，不如製一精品矣。

誠實之人，必不妄言。蓋多言必妄，欲不妄言，當先自寡言始。蔡虛齋曰："有道德者，不必多言；有信義者，不必多言；有才謀者，不必多言。惟見夫細人、狂人、妄人，乃多言耳。"劉蕺山曰："造物生人，兩其耳目，兩其手足，而獨一其舌。意欲使之多聞多見，多為而少言也。其舌又置之口中奧深，而以齒如城，唇如郭，鬚如戟，三重圍之，若恐其藏之不固而輕出者。故聖賢教人，惟以謹言為兢兢。"又曰："喜極勿多言，怒極勿多言，醉極勿多言。喜時之言多失信，怒時之言多失體。"又曰："對人無可說話，慎勿強尋閒話來說。不是承迎世人，求為驩悅；便是自無著落，消遣不過。"

人之多言論者，蓋騖於虛文，非實事求是之道。事務家不惟寡言，凡事皆當處以簡要，庶不漓誠實之本。費爾德（Cyrus W. Field）之言曰："能簡要者，最為愛惜光陰。蓋為事不愆定晷，與忠實及簡要三者，是人生當守之良訓也。慎勿寫冗長之信，事務家且無暇能讀此冗長之信也。凡有所言，簡要而已。雖至重大之事，未有不可約諸一紙之中者。數年前，余從事敷設大西洋海底電線，有事將啟女皇。乃為一書屬草至盡六紙，後改竄之至二十回，每回刪除其冗字冗句最後僅餘一紙，而所言要領畢具。遂以達之女皇，未幾，即得答書，所答頗滿意。使予之書長至六紙，女皇不將厭讀之乎？故簡要者每能成功也。"

　　誠實真處世之要道。自盡其良心，能克己而不背信約，不為奢侈，不為虛言，長為社會之所倚賴，而己亦無所自愧，可以立功業，可以營職務。凡立身成名之基，莫大於此。

# 第五編　人格論

# 第一章　士君子之模範

英人每教人以有 Gentleman 之品性，或以此字當中國所謂士君子，然昔之聖賢所稱君子之義至高，固非 Gentleman 一語所能盡，今姑泛指稱為士君子。士君子者，為人人所必勉之人格，而立身之標準也。顧如何斯可謂之士君子矣？輒先舉《論語》中孔子之論君子而切於人事者，以究君子之品性焉。大抵孔子論君子之品性有四端：（一）君子貴實行不貴空言。如孔子曰："君子食無求飽，居無求安，敏於事而慎於言，就有道而正焉，可謂好學也已。"又子貢問君子，子曰："先行其言而後從之。"沈括《夢溪筆談》曰："先行當為句，其言自當後也。"又孔子曰："君子欲訥於言而敏於行。"又曰："君子恥其言而過其行。"是貴實行不貴空言，為君子品性之一也。（二）君子尚義。孔子曰："君子喻於義，小人喻於利。"又曰："君子之於天下也，無適也，無莫也，義之與比。"子路曰："君子尚勇乎？"子曰："君子義以為上，君子有勇而無義為亂，小人有勇而無義為盜。"是尚義為君子之品性二也。（三）君子必謙遜。孔子曰："君子無所爭，必也射乎！揖讓而升，下而飲。其爭也君子。"又曰："君子矜而不爭，羣而不黨。"此謙遜為君子之品性三也。（四）君子動作依於良心，內省不疚，而恆得其樂。孔子曰："君子泰而不驕，小人驕而不泰。"又曰："人不知而不慍，不亦君子乎？"

又曰："君子坦蕩蕩，小人長戚戚。"此內省不疚，恆得其樂，為君子之品性四也。夫實行、尚義、謙遜、悅樂之四德者，固士君子所以為眾人之模範，而人之欲為士君子者，不可不以此自勉者也。

夫士君子何以異於人？其異於人者，品性而已。品性於何見之？於言行見之而已。人當視品性重於才智。社會品性之善，不惟合於眾人天良是非之心，直為邦國郅治之本。英王佐治三世之大臣加寧（Canning）嘗自言其志曰："余之行恆守正道，由品性以致於勢位，雖不由捷徑，若為紆迴，而余終覺其鞏固安穩。夫有才智之人，誰不嘆賞？然終不為人倚信者，則知品性之足貴，而才智之不足尚也。"拉塞爾卿曰："欲求有才智之人以為輔助，必得品行之人以指導之。"斯可為至言。近世法蘭西有霍納爾（Horner）者，一商人之子，仕為卑官，不名一錢。其卒也，僅三十八歲，舉國識與不識，自非無心而穢行者，莫不哭之極哀，夫何盛年而能得此？霍納爾資質不過中材，小心謹慎，作事遲緩，其言吶吶若不出諸其口。然敬事而信，正直而和順，故為人所愛，傾倒一世如此。然則德行之關於人，豈不大哉？

富蘭克林（Frankline）者，美國慷慨義烈之士，而又哲學者也。既居顯職，有大勳於國，及自追數其功，不歸諸才能辨智，而歸諸品性之誠實。其言曰："予以品性誠實，為國人所重。予不善詞令，所言常不能出口。然志之所在，常必行之此，亦品性為人信賴之證也。"鄭康成有名德，黃巾羅拜其里，不犯而去。法之孟典（Montaigne）文行為時所推。當法國內亂，兩黨交戰，縉紳之中，惟孟典之門不閉。論者謂孟典之品性服人，足防危難，勝於甲兵多矣。

人欲砥礪品性，而為善人君子，其立志必先高大。蓋將善其品性，當出勤勉之力以赴之，而後德行可得而進。所志既高大，雖未

第五編　人格論

第一章　士君子之模範

能達其全，亦不致流於汙下矣。狄士萊禮（Disraeli）之言曰："人之視不仰必俯，人之精神不飛揚於天，則行見匍匐於地，未有懷卑陋之志，而能成高尚之人格者也。"世雖多偽德偽行之人，而真正之品性，決不可以欺飾。貨物之價，或可以偽亂真；品性之價，決不能逃於衆人之目也。品性之著見，即在言行，言行者衆人之所同見者也，故士君子必有誠實之言語與誠實之行為。英大政治家羅伯比耳（Sir. Robert Peel）之卒也，惠靈吞推論其言行，不外"誠實"二字。蓋誠實則能言行一致，言行一致雖最高之品性，尚何以加於此乎？

言行一致，表裏無間，斯為誠實品性之本質，故人之發見於外者，必與存於內者相同，是士君子之義也。美國一巨紳，深慕格蘭·維夏伯（Granville Sharp）之為人，欲以夏伯名其子，而致書格蘭維·夏伯以請之。格蘭維·夏伯報書曰："足下欲以吾名名賢郎甚善，然吾有一相傳之格言，願足下並以教賢郎也。其言曰：'凡汝欲顯於外貌者，務使必出於中心之誠意。'斯言也，吾受諸吾父，吾父受諸吾大父。吾大父為人淳樸忠直，無論在公在私，無不以誠實為主，而好誦此格言，故吾父得而記之也。"斯邁爾斯曰："凡人為自重，欲使他人見重者，皆當三復此言。"蓋在內之志不誠實，則不能根於良心，而發為在外之品性。己之行為與言語相反，則不為人所重；己之言語，無有價值，則不為人所信，是亦自然之理也。

所謂誠其意者，毋自欺也。故誠實之君子，雖處暗室之中，其心皎然無愧，一如在衆人視聽之地。惟慎之於獨，習之於漸，故能發而為誠實之德行。許魯齋暑月避亂，道旁有果，人爭取啖，魯齋獨不取。或曰："棃無主，曷取諸。"曰："非其有而取之，非義也。棃無主，吾心獨無主乎？"斯邁爾斯記一童子，有人問曰："嚮衆人

111

散去時,汝何不獨取棃納諸懷乎?"答曰:"衆人雖去,我固在也。吾安忍以我身為不誠實之事?"此二事相類,雖小節可見人大處。大凡人欲成就德行,先要制得此心,將邪惡擺除,而猛向善行上著力,久之善行自成習慣。所謂人格者,無非去其惡習慣而就善習慣也,惟在於所以養成此習慣者加功耳。語曰:"習慣為第二天性。"麥達斯達西(Metastasio)以為人於一行事、一思想,而能反復練熟,其力至大。故其言曰:"人間萬事,皆習慣也。"德行亦習慣也。巴特勒(Butler)著書,以為人能自練習善行,而與物欲相抗;久之德義成習,為善反易於為惡。其言曰:"人身之習慣,由於外之身體之練習而生;人心之習慣,由於內之心志之練習而生。然則亦練習之於內,而行之於外而已;以恭順、真實、公正、仁愛之心,而發著外之品性而已。"白魯韓卿(Brongham)嘗曰:"無論何事,習慣則易。既成習慣,離之轉難。譬以戒酒成習,自惡麴蘗;儉約成習,自惡奢侈。"然人又不可不時時自警,以防惡習侵入。一為惡習所惑,有終身不能振拔者。《漢書·原涉傳》謂家人寡婦,始慕宋伯姬、陳孝婦。一為強暴所污,遂行淫失,知其非禮,然不能自還。然則有志之士,於惡習之來,固不可不慎其始矣。總而言之,善行出於習慣,而習慣又莫非所自造。初覺其難,久而漸易。初如蜘蛛織網,絲理甚弱,一旦成習,則如鐵索之相絡也。故絕大之功,起於微細,能積微細,其大無外。雪花飄地,靜而無聲,積則摧林木、圮屋宇,夫人亦在乎習之而已。

所謂善習者,凡自重、自助、勤勉、信實之類皆是也。一切稱為道德之事,無不可由習慣以成之。人當幼少之時,即宜使漸於善習,蒙養以正,而終身之功在焉。譬如刻文字於樹皮,樹長則刻字與之共長,此不可不加意也。科林吳德(Colingwood)戒所愛之一少

## 第五編　人格論
### 第一章　士君子之模範

年曰："子年尚未及二十五，其亟於此時立終身之品性矣。"蓋習慣為與年俱進之一勢力，始基不善，長大之後，欲更出新甚難。人已長則昔之所知所習者，且有忘失之患，況將改學其未知未習者乎？希臘有善吹笛者，或從之學。而先嘗受業於拙師，則屬倍其束脩，蓋非新知之不易，而拙師之舊習難除也。天下明暗，一而已矣；吉凶醜好，一而已矣；喜怒哀懼愛惡，一而已矣。然人有常見其明而不見其暗者；有常見其吉與好而不見其凶與醜者；有常見其喜與愛，而不見其哀與惡者，所習之不同也。故士君子在審所習。

今更述斯邁爾斯論英語景特爾門（Gentleman），（即士君子）之真義：景特爾（Gentle）者，含有溫厚、和平、善良、醇雅數義；門（Man）之言人也，其義非以其位，乃以其德，後遂用為上流人士之通稱。法國某大將曰："景特爾門之品性，不假世間爵位，而別有權威，自為他人所敬。其敬之也，非以其外貌，乃以其實德也。"英之古詩人贊景特爾門之德曰：我思君子，惟正直以行義兮，以中心之實而出言語兮。此得其大意矣。故景特爾門之義，頗近於吾國所謂君子者。君子必自重其身，而後人從而重之；又非以求重於人，而後自修其品性也。出於良心之所不容自己，以己之目，伺己之動作；以己之心，規己之過失。吾心所不許，吾不得而言也；吾心所不許，吾不得而行也。自重其身，不敢不勉也。人之待人以律法，君子之待人以仁德，故能與人以禮，恕人以過，恤人以惠，無所不用其極焉。費宅拉爾德卿（Lord Fitzgerald）旅行坎拿大時，值與印度土人夫婦同行，道中其婦人為夫負重囊，蹣跚不能前進，其夫則徒手步行。費氏覩之大驚，乃自乞此婦人之囊，負於己肩，為代其勞。此真君子之模範也！

君子之處己必廉，而不取非義，不為利所動。吾國多有其例，無煩贅述。惠靈吞之在印度，屢建大勳。阿西（Assaye）戰後，有海德拉巴（Hyderabad）<sub>印度國名</sub>之首相某來謁，欲探知麻拉答（Mahratta）與尼薩謨（Nizam）之議和條約中，己之國君所得之領土與利益何如，出十萬鎊為獻。惠靈吞却不受，笑而語之曰：「想足下必能不洩貴國之祕密。」曰：「然，吾固侯也。」惠靈吞亦曰：「然，吾亦侯也，請從此辭揖。」而送諸門外。惠靈吞在印度時，如其好利，則可致丘山之富，而自守不私一錢，歸英國為極貧之人，可謂盛德也已。惠勒斯力（Wellesley）侯爵者，惠靈吞之從兄也，為大將於印度，率師征服彌索爾（Mysore）。東印度公司主人感其勞，贈以十萬鎊，惠勒斯力固辭不受，曰：「吾非好為名高，不受此財，直念與吾同征之軍士而已。吾若所得獨多，是不啻減削吾勇敢之軍士之所得，而使之獨少，是以有所不忍也。」那比爾（Charles Napier）亦有戰功於印度。土人之君長屢以金玉珍寶為贈，皆不納，曰：「予欲富則自入印度以來，可得三萬鎊。吾未嘗以污吾手，故吾手不須濯也。吾大戰嘗佩吾父所賜之劍，今亦未嘗污也。」若三子可以風矣。

　　君子不欲富，以德為富，故見利而思義，雖有黃金萬鎰，而德行不足存焉，可謂極貧也已。世有身貧心富之人，有身富心貧之人。身貧非貧，心貧乃貧也；身富非富，心富乃富也。心富莫如德，君子惟恐德之不有於己，善之不在於躬，終日皇皇，凡以此也。

　　君子以信為重，故以真理為萬物之最高點，而處事能盡其誠。惠靈吞當半島戰爭之時，與法國大將開爾孟（Kellman）相對。因捕虜口約之事，貽書開爾孟，謂英國士官所以自誇者，自勇之外，卽信是也，因曰：「英國士官，若口出一言相約，卽決不肯逃以背信，顧足下勿疑吾言。凡言出英國士官之口者，勝於以三軍之士環守之固也。」

## 第五編　人格論
### 第一章　士君子之模範

　　君子必有勇，然外甚勇而心甚仁；其褊淺刻薄者，蓋不足以語此矣。約翰・弗蘭克林（Sir. John Franklin）以航海著名，其友嘗稱之曰："弗蘭克林每遇大險，未嘗退後，蓋有勇者，而其心甚慈，不欲傷一蚊蟲。"方在西班牙境內愛保塾（El Bodon）之戰，法國士官揮劍傷一戰將之手，臂已斷矣，此士官則解劍致禮馳馬而過之，真君子之度，不乘人於已甚也。英法半島戰爭，法國名將名奈伊（Ney）者督軍，俘英將那比爾。其親友不知其存亡，乃令人乘舟往詢之。既至，奈伊曰："可使囚人晤語。"使者躊躇若有未決，奈伊微笑曰："豈尚有所望乎？"使者曰："那比爾有母在。"奈伊曰："有母耶。"立釋那比爾歸。時英法兩國，尚無互還俘馘之法，奈伊毅然為之，懼拿破崙之望之也。拿破崙聞其事，深嘉許焉。此以殺敵之勇將，而有仁慈之心者也。

　　君子之所以為君子，在休然有容。遇侮辱而能忍，古所謂犯而不校，及唾面自乾之類，皆足見君子之德量也，君子之有容也。非徒以處己，其施於人亦然。故不居上而驕下，不挾智以玩愚，不陵弱，不暴寡，雖於婦人、孺子而不敢忽焉，小心翼翼，藹然和悅。日耳曼有名詩人那莫特（Lamotte），一日，行人叢中，偶踐一少年之足，少年立批其頰。那莫特曰："噫，君若思我為不知而誤踐之，必自悔其所為矣。"蓋橫加強力於弱於己之人，是野人所為，安有君子而出此者？知其不能與己抗而後侮之，不足為勇，實見怯耳，不可不戒也。

　　君子有能不以自耀，有功不以自伐，寧自受害，不欲損人，施惠於人，不望其報，無有德色，雖在造次顛沛之際，自守不亂。亞伯克龍比（Sir. Raph Abercromby），英之大將也，嘗轉戰疆場之上。一日，受創殊重，兵士昇之舟中，以枕枕之。問曰："此誰之枕也？"

115

兵士曰："將軍創重，枕之幸稍安。"曰："嘻，吾寧忍痛，不可奪他人枕也。"亟歸之。悉德尼（Sydney）亦英將，奉命助和蘭與西班牙戰，被創流血，渴甚思飲，兵士四覓得一杯水奉之。一老兵亦受傷，臥其側，睨杯水，悉德尼省其意欲飲也，竟讓老兵飲之。君子之能克己如是。

君子之處事，恆有悅樂之心，蓋能悅樂，則足以鼓舞精神，雖遇艱險，而志氣不挫，往往成功也。夏伯當建議禁止買賣黑奴時，暮歸，輒與昆弟弄笛奏樂，以慰其心。古人禮樂不斯須去身，君子無故不廢琴瑟，世間難事，惟恃悅樂之精神以勝之而已。

君子者，自信之力必強。孟子曰："夫天未欲平治天下也，如欲平治天下，當今之世，舍我其誰也。范文正為秀才，便以天下為己任。蘇東坡每作書，輒於後幅留一方，曰："留與五百年後人作跋。"吳遲華士（Words worth）自信其詩必傳於後，唐德（Dante）錄定己之文名，開伯勒（Kepler）決心以待百年後之知己。惟其自信之堅，故恆能成事也。

# 第二章　禮儀論

君子所以服人者，又在禮節容貌之間，即自其進退舉措觀之，已有不同者矣。徐幹《中論》曰："夫法象立，所以為君子。法象者，莫先乎正容貌，慎威儀。"又曰："立必磬折，坐必抱鼓；周旋中規，折旋中矩；視不離乎結襘之間，言不越乎表著之位；聲氣可範，精神可愛，俯仰可守，揖讓可貴，述作有方，動靜有常，帥禮不荒，故為萬夫之望也。"

太陽之光，雖極細之孔隙而無不照；人生之品行，雖於極小之事為而無不見。蓋所謂品行者，無非積日用常行之小事，而以成其全體也。故曰："不矜細行，終累大德。"君子則無所苟而已矣。顏色容儀，為人之所易忽，而品行之所著在是焉，故君子慎之。無論所接之人，為尊於我，為卑於我，為與我同等，待之皆宜溫和有禮，不可存一毫倨慢之心。所以盡吾恭敬之實，使人受之而悅，如是之謂"有禮"。凡容貌辭氣，皆德行之華采，德行得華采而愈光明。然若偽飾於外，內誠不孚，亦不足貴也。至於與人商論之際，當和氣愉色，委婉以陳之，不可恃才揚己，務踔厲以屈人。苟見理果正，從容諷議，自可使彼徐徐默化，與我大同也。威勒斯（Wales），一傳道師，曰："吾嘗以昧爽，冒霧行深山中，遙見山側有物，不辨其形，疑為鬼怪；及稍近，則固人也；又近視之，乃吾弟也。"此可為妙喻。世之騰口舌以爭異同者，亦惟自損其雅度耳。

禮儀在身，則覺其人都雅；無禮儀則覺其人鄙儳。禮儀所以美身，有動容周旋之美，無論其天性中他種之缺陷，皆可於此彌之。感人至深，不可為喻，雖見於外貌，亦必存於中者所發，不可以偽為也。希臘謂美為最高之神，豈非重禮儀之謂哉！希臘人之理想，曰樂、曰愛、曰溫和、曰大度、曰慈悲、曰高尚，何一非美之表現，而禮儀之內心乎？

嘉時理博士（Dr. Gutbrie）曰："若問羅馬人以道路，彼必恭敬誠懇以答之。若問此蘇格蘭人以道路，彼輒曰：'汝自用心覓之，何問為？'此其弊當責之上流社會，蓋此邦下流社會之人所以無禮者，以其上流社會之人未能有禮也。方吾游巴黎，吾心亦有所感。吾至巴黎之第一夕，與彼間銀行人同往宿一逆旅，見有下婢迎候於戶，此銀行人即脫帽致禮，如對貴婦，乃知法國下流社會，能嫻習禮儀者，以其上流社會，對之頗有禮也。"

夫人有禮則安，無禮則危，忠信之人，可以行蠻貊。世界日闢其戶，以待有禮之人。有禮者不必有權勢，不必有富厚，而所至為人所重。其來如春風之風人也，如陽和之煦物也，眾皆悅之。諺曰："雖遇黃蜂，不螫塗蜜之人。"君子居世，禮意容貌，固可忽乎哉？蔡司費爾（Chestfield）曰："有禮之舉動，蓋為制伏無禮者最安全之上策。雖傲慢不遜之人，對之皆不覺而自生尊敬之念。若己之容止粗率，則懦夫亦起而侮之，不可不慎也。君子不以讐怨、忌恨、偏邪、猜疑之意加人，以此等之意加人，不啻酖生命於毒泉，而瘞美志於土壤。惟有廣大之心，而忠厚之志者，乃可以立身如喬嶽耳。

戎孫博士（Dr. Johnson）舉止粗豪，疾惡甚嚴，見人有過，必面斥之，人呼之為"大熊"，以其剛猛罕禮貌也。一日與葛德時彌

第五編　人格論

第二章　禮儀論

（Goldsmith）同在倫敦，赴一家盛會。席間葛德時彌偶詢人以美洲印度土人之事，戎孫博士厲聲曰："雖極愚之美洲印度土人，未有在盛會而問此事者。"葛德時彌亦曰："雖極愚之印度土人，亦未有在盛會而以此粗野之言貌，加於有禮之人者。"蓋汝以無禮待人，人卽以無禮相報，其間捷於影響，當時以深念也。

哀默深（Emerson）嘗曰："人生卽至短，何至無嫻習儀禮之餘晷。"此言甚有理，吾人之舉動從容與否，當於平日待僕婢及處家人者徵之。君子御下無惡聲，宴居者無惰容，故出而行於社會，整然而治，雍然而和，其素所蓄積然也。二千年以前亞黑❶士多德之《士君子》論曰："士君子處順逆兩境，皆得其中庸。在上不驕，居下不諂，成不伐功，敗不喪志，不近危害，不臧否人物，此所以為士君子也。"君子之真義，卽謂有禮之人。有禮之人，能制其欲，抑其情，慎其口；信人不疑，亦為人所信。君子如陶器，常先畫於未燒之前，故一燒而不復變；常人則畫於旣燒之後，故一洗而卽消。君子雖貧賤，而有勇、有樂、有德，有不已之大願，有無匹之自重心，發而為禮儀進退之度，彬彬然，誾誾然。其為富且貴，如之何其可及也？馬恭（Magoon）曰："有禮卽最良之政畧。"邦交之際，有辯言之所不能勝，而禮容足以勝之。故與人當結其歡心，不當但以口舌取勝也。馬敦曰："世界國民無如猶太人之恭謹有禮者。"猶太人自古以來，受虐待，蒙屈辱，所謂法律上、社會上之權利，褫奪幾盡。然不問在何地，而能存其禮貌，言詞甚遜，舉止甚謙，不露圭角，富於友愛。常得人之歡心，而世世以拓其貨殖之術。猶太人之溫厚多儀，及忍人所不能忍，真冠絕世界也。然則猶太雖亡國，

---

❶ "黑"，當為"里"。——編者註

而其遺民，多能以貿易自樹立，至今不衰，非禮儀之效與？一人遠賈於外，獲厚利，歸紐約。會聞其友之貿易，大受損失，因問人曰：「彼資本甚富，且久習商業之學識，又頗有智數，何故不利也？」或答之曰：「其為人刻薄寡恩，常疑店夥之欺己，對顧客又無禮貌，是以店夥皆不肯盡心，而顧客亦望望然去之也，欲不敗得乎？」世有厲精刻苦，以營商業，率因不嫻禮儀之故而致敗者，誠不可勝數矣。

因招待顧客有禮，而營業遂大發達，可以法國之朋馬息（Bon Marché）商店徵之。朋馬息為巴黎最大商店，百物皆備，所傭店夥至數千人。其販賣處之特色有二：一即物價甚廉；一即招待懇摯是也。所用店夥，不僅禮貌周到，且多方以買顧客之歡心，使顧客樂之如在家庭之間，故相率輻輳，所以朋馬息為世界第一有名商店也。

容貌固須謙恭，然恭過乎禮，亦足使人不快，而生其迷惑。吾人於過度之禮貌，亦覺其乖於大方，而幾近於無禮也。人於社會酬酢之際，忽露羞澀之態，亦足為儀容之累。此古之名人，猶所不免。奈端平日最畏人道其名，有所發明之事，雖更數年，不敢告人。倘偶聞人談月之運動，其理或稍與己發明之物相關者，輒自面赤不已。華盛頓舉動質樸小心，如村夫子。僧正華特賴（Whateley）恆羞澀畏見人，一日忽猛省曰：「吾豈將忍此以終身乎？」以後力自矯正，遂有美度。巴禮特（Elihn Burrit）見父有客來，輒走匿牀下。此類前人甚多，雖小節亦是病痛，往往自見怯而納人於不安，不可不改也。

凡遇公衆講演之事，或意先內怯，則不達其詞，竟有不能發言者。昔之演說名家，多於平日試為種種練習，非易事也。名伶嘉力克（Dovid Garrick）演劇三十年，甚博聲譽。一日，當至法庭為證人，及至，頗周章狼狽，囁嚅不知所語，裁判官不得已為之罷廷。

顧富（John B. Gongh）嘗自謂以積年之功，不能克去早歲羞澀之習，每演說一次，身體顫動、冷汗浸肌。勇鷙之士，殺敵戰場，了不怖畏，至於大衆酬酢之際，則退縮不敢置一詞。因念古人童時，便習應對進退。孔門言語，列為專科；誦《詩三百》，乃使於四方，不至辱命。賈子《容經》特著言容、交際演說，所以合歡致情，發志諭衆，如之何其可忽也。

社會之上，方相煦以和氣，而此一人，獨向隅處獨，如抱寒冰，寧不可憫？故避人與畏羣者，非必美德也，此皆由於內怯之病、內怯之人，其交於世也，難見所長而易見所短。父母於兒童幼時，即當使矯正此病，如習拳術、擊劍、馳馬、學演說皆可矯正此病也。內怯之人，宜御美服，美服則動作較舒易，出話較自由。儒家不廢修容，服飾寒儉，在內怯之人，尤自覺舉止拘礙。然不可好作華麗奇怪之裝，當求品質朴素，與身分相稱者，深要留意也。雖然，服御要為低級之美，不可因是而犧牲高級之美。高級之美，則惟求之在內，非從飾其外所可得也。嘗見溺情衣服之人，每役思想、擲光陰、費金錢，以求入時，往往有怠其本務而不自覺者，又不足道也。

總之，禮儀之發於外者，以心意之至誠為根本。馬敦嘗戲為欲學習良善之動作者處一方，今酌其意，亦處一方如下：

"無慾" 三兩

"愉樂之色" 二兩

"沈著之香" 三兩

"寬恕之油" 三兩

"常識" 一兩

"愛之精神" 二兩

上方通治"私慾""輕率""卑陋""傲慢"等病。

## 第三章　人格之力

　　人格卽品性。人生斯世，孰為有真正之權勢者，蓋惟品性而已。人之敦品者，不假爵位而自貴，不擁貨財而自富，無論居何地位，入何社會，人皆敬之。一人之品行醇美，其一人卽具強力；人人之品性醇美，其一國卽具強力。希臘古諺謂智識卽勢力，然不如謂品性卽勢力，更覺完美。蓋無天良之知覺，無品行之才調，雖未始不可得勢力。要所謂勢力，適以佐其欺詐、盜竊之技，為正人君子之所賤，蓋不足道矣。人之品性，以善良之德為本。有善良之德，加以心志貞固之力，其勢力之強，天下莫能禦焉。以之作善，以之成勇，以之防惡，以之勝強，以之忍艱難，以之敵災禍，皆此力也。司泰芬（Stephen of Colonna）為敵人所擒，嘲之曰：「今汝之城何在？」司泰芬以手捫其心，毅然答曰：「在此。」品性高尚之人，雖災禍環集其身，益見其皎皎不可汚之志，後世猶且想望為不及。君子所以異於人者，此也。

　　我之品性之勢力，足以感人；人之品性之勢力，亦足以感我。程明道見周茂叔後，吟風弄月而歸。人生得品性最高之人，以為依歸，親炙濡染，與之俱化。以變化己之氣質，而成偽德行，真何可勝數。故品性之感人於不覺，遠勝曰強聒而教訓之者也。兒童少時，恆以父母為模範，故父母舉動言笑之細，其感於兒童之心者咸至深。

家庭之模範，為男女將來品性之基。所謂一正家而天下正者，殆非空言也。有父母偶然之容色，而印於子女之心中，終身不可磨滅。父母心術善良，行為端正，永為子女所記憶。年長之後，或偶墮惡行，當中夜夢醒時，忽思父母平生，有懼然猛省，因以頓消其惡念者，此足見父母品性之勢力也。

人之一言一行，其關係決非僅及於一時，蓋影響於後來者甚大。善言善行，常能感他人於不覺，惡言惡行亦然。古之聖賢，所以傳名於後世者，無非其言行之力耳。言行布在方冊，使人讀之興起奮勵，故言行為人之精神。人之身體雖朽，而其行言之力不朽。今日之世，過去世之言行之力所造成也；未來之世，今日之行言之力所造成也。吾人一言一行，皆有繼往開來之責，豈可忽乎哉？巴倍吉（Babbage）之言曰："吾人之身體，雖極細微之分子，而或善或惡，無不印入其中。"古聖賢之動作，既一一印入；千萬庸俗人之動作，亦一一印入。善惡之原質，不失不壞，混合存貯吾人身中。空氣如一大藏書樓，一篇一葉，盡載開闢以來世人言語。無論為附耳密談，亦盡記不漏，傳於無窮。故世人如或背誓棄約，終不能逃此直筆之史，盡入吾人呼吸之中而永久常住。地球、大氣、海洋等，皆足為吾人行為之證。其運動與反動相準，天然之原因，與人間之行動，皆受治於同一之法律，永不消滅。譬如，此世最初有犯殺人罪之人，此罪即印於空氣之中，罪之原質長存，故犯罪相續不已。此用物質不滅之原理，以證人之言行之力之影響於後世如此。

人之品性所以成就，恆賴於師友之教訓切磋。近世師道已廢，則立身者不可不以擇友為第一要事。孔子曰："無友不如己者。"少年之時，習於善則善，習於惡則惡，若與卑陋之人為友，毋寧離羣索居之為愈也。人如得一正直之友，因其品性之感化，即偶動邪念，猶或愧對其友，有所憚而不為。古所謂畏友，此類是也。如一時不得良友，則當尚友古人，讀名賢傳記，擇其中一二最所向往之人，以為依歸，亦足增己進德之志。

吾人不可不修養品性以成其人格者。既如此，人格之威力，不惟足以感化人，又足以懾服人。羅馬時，馬留士（Cains Marius）在獄中，一刺客往行刺。馬留士大喝曰："汝敢殺馬留士耶？"刺客失色，劍落奔去。拿破崙嘗獨行一陰暗之甬道中，一少年欲報國家之仇，知其將過此，挾銃伏而伺之。拿破崙行經其處，方俯首如有所思，不知刺客之伺其後也。少年舉銃擬準且發矣，忽覺有微聲，拿破崙即回顧，遽見此少年。拿破崙不動聲息，但睨之微笑，刺客不覺銃落，遂得從容出險。此少年亦必勇士，較之拿破崙百戰之英雄，其人格頓覺有天淵之別，故但一微睨，已足懾服之也。哀默深曰："若汝之人格完全，余將終身受汝之感化。其感化之不可避，如地球引力之不可避也。"人格之力，信夫。

人格之力，有少時即可徵見者。斯巴達王克來美內士（Cleomenes）有一女，名曰葛果（Gorgo），方十歲，亞尼達哥拉（Anistagaras）者來謁其父，適葛果在傍。亞尼達哥拉欲有言於王，請葛果退，葛果不肯，乃坐父側傾聽。亞尼達哥拉乞其父助己王一鄰國，納萬金為壽，克來美內士頗躊躇不欲。葛果雖未知其事云何，然見父有難色，遽引父裾曰："去休，此人勸父，乃惡事也。"克來美內士遂起入內，得免陷於不義，此十歲女子之力也。人格之力，豈在長幼乎？葛果既長，為英雄勒阿尼大（Leonidas）之妻。一日，有在波斯之虜臣，託人進一書於王，書面塗以白蠟。王與羣臣啟視，反覆不得其意。葛果取之，凝視良久曰："蠟下必有文字。"乃剝出蠟，果然，蓋告勒阿尼大，以波斯將舉大軍侵希臘也。勒阿尼大乃與諸王合兵，挫波斯色克舍斯（Xerxes）之銳鋒，為世界有名之大戰。希臘所以獲勝者，葛果之力也。

美國革命戰爭之時，哲克孫（Richard Jackson）受暗通英軍之嫌疑，被捕，囚於田間一獄室，不設防守。哲克孫若欲逃，固甚易也。然哲克孫信法律之力與己之義務，誓不肯逃。請於獄吏，每日間則出勞作，入夜卽歸。獄吏知其誠篤，許之。如是者八閱月。遂以叛逆罪，送至司普令斐（Springfield）受審。將行，獄吏為其準備，哲克孫曰："無庸，吾一人往可矣。"獄吏又聽之。道中遇馬撒齊塞州（Massachusetts）州議員愛華德（Edward），問之曰："子將何往？"曰："往司普令斐，受關於生死之裁判矣。"審問之後，罪證既確，遂宣告死刑。上院議長要求特赦，滿場議員皆不許，及愛華德述曩者與哲克孫邂逅樹下之語，哲克孫之心跡乃明，得特赦。蓋其人格之正直，卒有以自白也。

千八百五十七年，紐約財界大起恐慌，各銀行代表集會，共議善後之策。因相語曰，今日某銀行提取存款者，至全額五分，又一銀行提款至全額七分半。時泰羅（Moses Taylor）為紐約市銀行代表，衆問之曰："某行今早存款增四十萬元，傍晚則增至四十七萬元。"蓋各人取諸他銀行者，皆以存入泰羅之銀行，其品性素有以取信於人也。

一人之言語，素見信於衆者，雖一言一句，而衆人爭欲先聞之，如大旱之望雲霓，其言素不為人信者反是。同一言語，同一人物，而價值有不同者，人格之殊也。巴克爾（Theodor Parkor）嘗曰："有一蘇格拉第，可敵數國。"人格之力，即是國家之力也。雖然人格之力，其勢嘗存於所不可見者，尤能感人於不覺。哀默深曰："凡聽查沙謨（Chatham）之演說，其入人之深，有在乎其所語之外者。"

嘉徠爾著《米那波（Mirabeau）傳》，反覆為人稱述其事，無人動聽，為之憮然嘆息。普魯泰克（Plntatch）《英雄傳》中諸人，有聲名極大，而事跡寥寥無甚可紀。吾輩讀《華盛頓傳》，亦不足想見華盛頓之人格。希徠爾（Schiller）之詩文，頗不與其盛名相稱，世人往往以名實不副，譏評古人。不知古人名聲所以大，非盡由於事業，猶有存於事業之上者在焉。此存於事業之上之勢力，大部分潛伏而不可見，卽人格是也。不恃才智，不恃口辨，惟恃其人格之引力，僅用其實力之半，而譽蓋天下。古之英雄，每有一指顧間，而足以變安危之形勢。如按其實跡以求之，則有莫知其所以然者。蓋先聲奪人，不言而自信，不爭而自勝，所以為人格之力也。

人格為人生之寶，君子寧死不以易其人格。匈牙利之愛國者噶蘇士（Kossuth）被逐於祖國，亡命土耳其。土耳其人謂之曰："子若信奉謨罕默德敎，則當保護子之生命。"噶蘇士曰："吾審擇於死與恥二者之間，決不欲貪生以蒙恥，吾待死久矣。"土耳其人改容謝之。孔子曰："見利思義，見危授命，久要不忘平生之言，亦可以為成人矣。"君子欲全其人格，故死有所不避也。

人格之感人至速，前已言之。故人之進退、動作、言語，皆足以表其一身之歷史，而定其人之價值。古有人倫風鑒之術，卽是對於人格之鑒別。然人格之力，是由內而發著於外。君子務充其在內者，則天下莫能與爭強矣。

# 第六編　修養論

# 第一章　善惡之原理

　　夫立身之事，在於修養。修養之總義，不外去惡存善而已。故明善惡之原理，是修養之根本問題也。善惡之原理，其說雖多，而在吾國，則詳在性善惡論。知性之起原，卽知善惡之起原，故今略述吾國哲學史中性善惡論之流派，則於善惡之原理，及其所以存善養性之方法，思過半矣。

　　中國學者論性之善惡，綜計古今，共有五派：一性善說，二性惡說，三性有善有惡說，四性無善無惡說，五性三品說是也。今以次論之。

　　儒家以孔子為宗，孔子雖罕言性命，然其意似主性善，惟其說亦往往相出入。孔子曰："人之生也直，罔之生也幸而免。"又誦詩曰："天生蒸民，有物有則，民之秉彝，好是懿德。"此皆近於性善之論。又曰："性相近也，習相遠也。"又曰："有教無類。"此言人性當依教育變化，又示人性之階級曰："生而知之者，上也。學而知之者，次也。困而學之，又其次也。困而不學，民斯為下矣。"此以性有四品之差。至於孔子之孫子思，述《中庸》，其首章卽曰："天命之謂性，率性之謂道，修道之謂教。"則已專主性善矣。孟子承子思之學，言性善益詳，乃就仁、義、禮、智之四端以明性善曰："人皆有不忍人之心。今人乍見孺子將入于井，皆有怵惕惻隱之心。非所以內交於孺子之父母也，非所以要譽於鄉黨朋友也，非惡其聲而然也。由是觀之，無惻隱之心，非人也；無羞惡之心，非人也；無辭讓之心，非人也；無是非之心，非人也。惻隱之心，仁之端也；羞惡之心，義之端也；辭讓之心，禮之端也；是非之心，智之端也。凡有四端於我者，知皆擴而充之矣。如火之始然，泉之始達，苟能充之，足以保四海；苟不充之，不足以事父母。蓋以仁、義、禮、智四端，既存於我心，加以修養，則可擴充以保四海也。"其示直覺的性善，曰："人之所不學而能者，其良能也；所不慮而知者，其良知也。孩提之童，無不知愛其親也，及其長也，無不知敬其兄也。"此以良知、良能，出於先天，又謂人之於善，如口之於味，曰："心之所同嗜者，何也？謂理也，義也。故理義之悅我心，猶芻豢之悅我口。"孟子主張絕對之性善說，以為修養不須何等工夫，但保其本然之善，使勿為物欲所蔽，便是修養第一義也。故有求放心，存夜氣之說。又與告子論性，皆本此意矣。

　　孟子以後，漢世言性者，頗承七十子之說，不盡主孟子。惟陸賈曰：天地生人也，以禮義之性，人能察所以受命則順。"此亦言性善。而王充非之曰："陸賈知人禮義為性，人亦能察己所以受命。性善者不待察而自善，性惡者惡能察之。"《白虎通》以仁、義、信、禮、智為五性，曰："人稟陰陽氣而生，故人懷五性之情。"情者，靜也；性者，生也，此人所稟六氣以生者也。故《鉤命決》曰："情生於陰欲，以時念也；性生於陽，以理也。陽氣者欲，陰氣者貪。故情有利欲，性有仁也。"此則似謂性善情惡。唐李翱承之作《復性書》曰："人之所以為聖人者，性也；人之所以惑其性者，情也。喜、怒、哀、懼、愛、惡、欲七者，皆情所為也。情既昏，性斯匿矣，非性之過也。七者循環而交來，故性不能充也。"

## 第六編　修養論

### 第一章　善惡之原理

至宋周子出，又本子思、孟子以道性善曰："乾道變化，各正性命，誠斯立焉，純粹至善者也。"此言天所賦，人所受，皆無不善之雜人。性動而後有善惡，其未動時固超然立於善惡之上也。二程受學周子，伊川又明性與氣之辨，至是性善論之條理益密。明道曰："生生之謂易，是天之所以為道也。天只是以生為道，繼此生理只是善，便是有一箇元的意思。元者，善之長，萬物皆有春意。成却待他萬物自成，其性須得。"又曰："善固性，惡亦不可不謂之性。"此則兼氣質之性言之矣。伊川於性氣之辨尤顯，曰："性出於天，才出於氣，氣清則才清，氣濁則才濁。才則有善不善，性則無不善。"又曰："性無不善，而有善不善者，才也。性即是理，理則自堯、舜至於途人一也。才稟於氣，氣有清濁，稟其清者為賢，稟其濁者為愚。"然當時張橫渠亦分性氣，《正蒙》曰："太虛為清，清則無礙，無礙故神。反清為濁，濁則礙，礙則形。"又曰："形而後有氣質之性，善反之則天地之性存焉。故氣質之性，君子有所不性焉。"朱子本張、程之說，亦分天地之性、氣質之性。又以理氣並舉，天地之性純乎理，氣質之性，雜理與氣言之。朱子以氣質之說，始於張、程，前此未有人說到此，蓋深有功於聖門云。陸象山不言氣質，而主絕對之性善，嘗言心即理，又曰："人性皆善，其不善者，遷於物也。"又告學者曰："汝耳自聰，目自明，事父自能孝，事兄自能弟。"王陽明本陸象山之說，其四句教曰："無善無惡心之體，有善有惡意之動，知善知惡是良知，為善去惡是格物。"所謂無善無惡，卽是至善；所謂心之體，卽是性也。又《傳習錄》曰："至善者，性也。性原無一毫之惡，故曰至善，止是復其本然而已。"此孟子至程、朱、陸、王言性善之大略也。

荀子唱絕對之性惡論，以與孟子對峙。其《性惡篇》曰："人之性惡，其善者偽也。今人之性，生而有好利焉，順是，故爭奪生而辭讓亡焉；生而有疾惡焉，順是，故殘賊生而忠信亡焉；生而有耳目之欲，有好聲色焉，順是，故淫亂生而禮義文理亡焉。然則從人之性，順人之情，必出於爭奪，合於犯分亂理，而歸於暴。故必將有師法之化，禮義之道，然後出於辭讓，合於文理而歸於治。用此觀之，人之性惡明矣，其善者偽也。"又曰："孟子曰：'人之學者，學其性'。曰：是不然！是不及知人之性，而不察乎人之性偽之分者也。凡性者，天之就也，不可學，不可事。禮義者，聖人之所生也，人之所學而能，所事而成者也。不可學，不可事，而在人者，謂之性；可學而能，可事而成，在人者，謂之偽。是性偽之分也。"劉向謂董仲舒作書以美荀卿，則仲舒之說，亦性惡論之緒也，其非性善論，曰："今謂性已善，不幾於無教而如其自然，又不順於為政之道矣。且名者性之實，實者性之質。無教之時，何能遽善？善如米，性如禾。禾雖出米，而禾未可謂米也。性雖出善，而性未可謂善也。米與善，人之繼天而成於外者也，非天所為之內也。"又曰："民之號取之瞑也。使性質已善，何故以瞑為號？"又曰："人之誠，有貪有仁。仁貪之氣，兩在於身。身之名，取諸天。天兩有陰陽之施，人兩有貪仁之性。"此略本荀子性惡論而小變之，故以性雖未能遽善，亦未顯言性惡也。子政以其非斥性善論，與荀子同，故謂之作書美荀卿與。近世戴震謂性在欲中，俞樾以性惡而才有善，大抵皆出荀卿、仲舒之緒云。

　　告子為性無善無不善派之宗，流為揚雄之性善惡混說。告子曰："性猶湍水也，決諸東方則東流，決諸西方則西流。人性之無分於善不善，也猶水之無分於東西也。"又曰："性無善無不善也。"細推其意，蓋以性可東可西，可善可惡，就其可能性言之。王充曰："告

## 第一章　善惡之原理

子之以決水喻者，徒謂中人，不指極善極惡也。夫中人之性，在所習焉。習善而為善，習惡而為惡也。"又曰："孟軻言人性善者，中人以上也；孫卿言人性惡者，中人以下也；揚雄言性善惡混者，中人也。"據此知告子與揚雄言性是一派。《朱子集註》亦謂湍水之喻，近揚子說。揚雄《法言》曰："人之性也，善惡混。修其善則為善人，修其惡則為惡人。氣也者，所適於善惡之馬與？"此二性中本有善惡二者，氣動之而或適善，或適惡，然又在於學焉。故又曰："學者，所以修性也。視聽言貌思，性所有也。學則正，否則邪。人之待學而正邪，猶湍水待決而東西矣。"宋時王安石、蘇東坡論性，亦近告子。安石直以性情為一，其言曰："性情一也。世有論者曰性善情惡，是徒識性情之名，而不知性情之實也。喜、怒、哀、懼、愛、惡、欲發於外而見於行。情也，性者，情之本；情者，性之用，吾故曰性情一也。"又曰："君子養性之善，故情亦善；小人養性之惡，故情亦惡。"又曰："性情之相須，猶弓矢之相待為用，若夫善惡則猶中與不中也。"安石既以性情為一，則善惡自混在其中矣。東坡說與安石相出入，不具引。

王充獨承世碩、公孫尼子，為性有善有惡之說。《論衡》記周人世碩作《養書》，論性情與宓子賤、公孫尼子等相出入。世子之言曰："人性有善有惡。舉人之善性，養而致之則善長；性惡，養而致之則惡長。如此則性各有陰陽，善惡在所養焉。"察世子之說，厥有三義：人之生也，其性固定，或受善性，或受惡性，此一義也；性既善矣，益養其善則善長，性既惡矣，益養其惡則惡長，此二義也；然善性亦可養之使移入於惡，惡性亦可養之使移入於善，此三義也。與揚雄言善惡混在性中有異。王充申其義曰："人性有善有惡，猶人才有高有下也。謂性無善惡，是謂人才無高下也。稟氣受命，同一實也。命有貴賤，性有善惡。謂性無善惡，是謂人命無貴賤也。九州田土之性，善惡不均，故有黃赤黑之別，上中下之差；水潦不同，故有清濁之流，東西南北之趨。"又論性之養曰："論人之性，定有善有惡。其善者固自善矣，其惡者固可教告率勉，使之為善。"又曰："肥沃墝埆，土地之本性也。肥而沃者性美，樹稼豐茂；墝而埆者性惡，深耕細鋤，厚加糞壤，勉致人功，以助地力，其樹稼與彼肥沃者相類似也。地之高下，亦如此焉。以钁、鍤鑿地，以埤增下，則其下者與高者齊。如復增鍤，則復下者非徒齊者也，反更為高，而其高者反為下。使人之性有善有惡，勉致其教令之善，則將善者同之矣。善以渥，釀其教令，變更為善，善且更宜反過於往善，猶下地增加钁鍤，更高於高地也。"王充以性之初生，雖有固定之善惡，然當依教育變化。善者可使益善，惡者可使進於善，一視其教育之功何如，故王充尤貴養性也。

孔子謂上智下愚不移，實起性三品說之端。賈誼、劉向皆承三品說，而其說不具。荀悅言之稍詳，自三品分為九品，韓愈原性宗之，後之言性三品者自韓愈。荀悅《申鑒》曰："或問天命人事，曰有三品焉。上下不移，其中則人事存焉爾。"三品字實首見此，於是詳論三品之分曰："或曰善惡皆性也，則教法何施。曰：'性雖善，待教而成；性雖惡，待法而消；唯上智下愚不移。其次善惡交爭，於是教扶其善，法抑其惡，得施之九品，從教者半，畏刑者四分之三，其不移者，大數九分之一也。一分之中，又有微移者矣。然則法教之於化民也，幾盡之矣，及法教之失也，其為亂亦如之。"韓愈《原性》曰："性也者，與生俱生者也；情也者，接於物而生者也。"此略本劉子政性情相應之說。又曰："性之於情，情之於性，視其品。故性之品有上、中、下三。其所以為性者五，曰仁、義、信、禮、智。上焉者之於五，主於一而行於四；中焉者之於五，一不少有焉，則少反焉，其於四也混；下焉者之於五也，反於一而悖於四。情之品有上、中、下三，其所以為情者七，曰喜、怒、哀、懼、愛、惡、欲。上焉者之於七也，動而處中；中焉者之於七也，有所甚，有所亡；下焉者之於七也，亡與甚，直情而行者也。"退之謂性情各有三品也。

已上論性者共分五派，然其中皆重教化，修養之功。主性善亦須擴充，主性惡尤要矯治，湍水則待決而東西，壞地則待耕而高下，三品之說推化法以相移。善之大本，或謂在於天，或謂存乎人，要其修養之不可懈則一也。

## 第二章　修養雜論

　　觀於性善惡之原理，則人固可因修養而致於善，無可疑也。近世有謂人性由於遺傳而定，及其既定，決不可改，不能以己之意志左右其間，謂修養之事，了無意義。如叔本華（Schopenhaeur）之徒是也。蓋以意志為宇宙之根本原理，人類有意志，則宇宙無本性，故人性決不可變化也。然此不過厭世學者之空想，人性雖由於遺傳，遺傳亦未嘗不可變。近來人類學者，常調查犯罪者之骨質，欲用生理之方法改之，亦以人性可變也。吾國雖有上智下愚不移之訓，世間終以中材為多，中材未有不能修養者也。

　　古今社會並認修養為可能之事，東西皆然。故兒童未生之先，已有胎教之法；既生以後，則受家庭、學校種種之教育。如人性不可變，是紛紛者皆可以已矣。故吾人立身，當信修養為絕對可能，惟自堅其志以勇猛赴之而已。吾人自少至長，則受家庭之敦勉，不得不修養。又受社會之敦勉，不得不修養。今世教育之主者，不外智育、德育、美育、體育四者。吾人所受於學校者無論矣，而社會教育，亦恆以四者為程。故有圖書館與講演會之類，所以助智育也；有各種道德之團體，與各宗教之說教，所以助德育也；有美術會、音樂會、演劇場，所以助美育也；有體育會，有衛生會，所以助體育也。吾人自家庭、學校所受之教育以外，尤當與社會上可以輔助吾精神、身體之機關相接，庶乎日進乎善而不自知也。

　　修養之事，其恃國家、社會種種教訓之機關者，仍係他力。真能修養者，當恃己力為修養，其成功倍於專恃他力者也。己力之修養，亦不外精神之修養與身體修養二者。人必內強其心志，有堅忍不撓之氣魄；外強其體力，有健壯耐勞之肢幹。修養者，所以自強也，自強而後能勝己之願，以任世之事，不可不勉也。前數篇中，於精神、身體之修養，皆有所言。大抵自立志以至養成人格，並精神修養之事，若勤勉與耐苦，則頗足為身體修養之助也。古之有大學問、成大事業者，率往往出於貧賤之人，蓋習於操作工事，身體健康，精神亦因之快適。故勤勞為修養第一義，暇時則當從事勞動之游戲，蹴鞠、競走、騎馬、試劍、射獵、習泅之類，無一不有益於身體也。惠靈吞晚年，觀學校羣兒游戲曰："滑鐵盧之戰，實於此而得勝。"蓋惠靈吞早年在學校，嫻習諸種游戲，體力至強，故以震世之大功，歸諸童齡之練習也。文豪斯各脫之在學校，嘗至河畔與漁夫叉魚為戲，其技絕精，又喜游獵，復從事文藝，著述治事，皆有定晷，而暇仍不廢漁獵。方其著 *Waverley* 小說叢編時，每日早起則執筆為文，午後必出獵兔。威爾孫（Wilson）教授善競力，投其鎚，新詩立就。詩人彭士（Burns）在學校中，最善跳躍及角力。此類甚多，誰謂文人不當練體力也。

　　平日飲食起居，皆當注意，大有助於身體之康強。格蘭斯頓常語人曰："吾身體所以健者，蓋一哺常嚼二十五度。"食物易消化，則血脈流通，病自不生矣。佛家常說病之十因：一，久坐；二，不臥；三，食不量；四，憂；五，愁；六，疲極；七，淫佚；八，瞋恚；九，忍大小便；十，制上下風。《素問》謂飲食有節，起居有常，不妄作勞，內守精神，則病不生。《管子》謂起居不時，飲食不節，寒暑不適，則形體累而壽命損。孫思邈曰："善攝生者，常少思、少念、少慾、少事、少語、少笑、少愁、少樂、少喜、少悲、少好、少惡。"以行此十二少為攝生之要。道家又有導引吐納之法，不可勝舉。荀悅《申鑒》論養性，即養生也。其言曰："或問曰：'又養性乎？'曰：'養性秉中和，守之以生而已。愛親、愛德、愛力、愛神之謂嗇，否則不通，過則不澹，故君子宣節其氣，勿使有所壅蔽滯底。昏亂百度則生疾，故喜、怒、哀、樂、思、慮，必得其中，所以養性也；寒暄盈虛消息，必得其中，所以養神也。善治氣者，猶禹之導水也。若夫導引蓄氣，歷藏內視，過則失中，可以治疾，皆非養性之聖術也。夫屈者以乎伸也，蓄者以乎虛也，內者以乎外也，氣宜宣而遏之，體宜調而矯之，神宜平而抑之，必有失和者矣。夫善養性者無常術，得其和而已矣。'"又曰："凡陽氣生養，陰氣消殺，和喜之徒，其氣陽也。故養氣者，崇其陽而絀其陰。陽極則亢，陰極則凝，亢則有悔，凝則有凶。夫物不能為春，故候天春而生，人則不然，存吾春而已矣。藥者療也，所以治疾也，無疾則無藥可也。肉不勝食氣，況於藥乎？寒斯熱，熱則致滯陰，藥之用也。唯適其宜，則不為害。若已氣平也，則必有傷，唯鍼火亦如之。故養性者不多服也，唯在節之而已矣。"又曰："鄰臍二寸謂之關，關者所以關藏呼吸之氣，以稟授四氣也。故氣長者以關息，氣短者其息稍升，其脈稍促，至於以肩息而氣舒，其神稍專，至於以關息而氣衍矣。"荀悅非導引，此則有近導引之說也。吾國論修養之方法者至多，茲不具述云。

　　於精神、身體之修養皆有益者，莫如讀書。吾人於學校、學業之外，不可不多讀書，非徒廣記誦而已，必要體之於身，切實有益。謝上蔡初以記問為事，自負該博，對明道先生言，舉史書不遺一字。明道曰："賢卻記得許多，可謂玩物喪志。"謝聞此語，汗流浹背，面發赤。及看明道讀史，又卻逐行看過，不差一字。謝殊不解，後來省悟，每以此接引博學之士。

又每述明道之言曰："讀書慎不要尋行數墨。"今人於學術之進化，以為書籍既多，為學極為便利，是固然也。然必己心特具理解之力，始不為眾說所亂。又要所志有一定之目的，若徒事涉獵，雖多何用。大抵自平日學業之外，所讀書當有益身心。大政論家波林白羅克（Bolingbroke）之言曰："凡學問不能使吾人成良善之國民，而徒以資辨博文巧之助者，雖終日孜孜諷誦，吾必謂之惰民矣。"卽以此見稱世俗，吾寧謂其所學為愚也。

讀書雜亂無序，貪多而不精熟，最是大病。司馬溫公嘗言："學者讀書，少能自一卷讀至卷末，往往或從中，或從末，隨意讀起，又不能終篇。光性最專，猶常患如此。從來惟見何涉學士，案上惟置一書讀之，自首至尾，正校錯字，未終卷誓不讀他書。此學者所難也。"朱子讀書，必循序而致精，以為窮理之要。嘗曰："讀書須純一，如看一般未了，又要一般，都不濟事。某向時讀書，方讀其上句，則不知有下句；方讀其上章，則不知有下章。"又曰："以我觀書，處處得益；以書博我，釋卷而茫然。"蓋學問工夫，要當精密透徹，貪多則精力分而弱，或作或輟，終於無成也。稗官小說，其高者固足以起人之美感，然較其得失，流弊終多于所得之利益，立志勤勉之士，于此固有所不暇也。哲諾爾德（Douglas Jerold）曰："人生當端莊嚴肅，不可以人間萬事為戲笑之具，作為戲文戲畫，以褻瀆神明，為一世病害，此類真可太息也。"司泰林（John Sterling）曰："稗官小說，最有害于世，而心志未定之少年，被害尤甚。其患殆過疫癘，如污水中生惡蟲，飲者必至病也。"少年時固不可不有游樂之事，以博其興趣而增其精神，要當擇適宜，取暇為之。若耽于游樂，必妨正業，志氣衰弊，而身體亦因之受病矣。

## 第三章　靜坐與修養

　　今世教育進步，種種游戲運動，類多有益身體。凡關于動之修養，幾已為人人所習矣。然欲其心性之純粹，有非動之修養所能盡者，故不可無靜處涵濡之功。凡人好動而不好靜，則往往不能節其好惡，時有過情之喜怒，天才之人尤甚。詩人、哲學者，率多狂易自殺，蓋亦失乎情之正矣。宋明學者每教人靜坐，靜之修養，為吾國倫理上之特質。人當萬事煩擾，或傷于哀樂之際，能于靜坐著意，必大有補于心智，固亦不可不知也。

　　靜坐之名，古之儒者所未言，或疑出於釋、道二家之緒亦非也。孔子絕四，鬱《易》言閑邪存誠，《中庸》論未發，《孟子》言存夜氣，此皆隱括靜之工夫。不過宋儒始拈出"靜坐"二字耳。孔孟不惟不言靜坐，且不言靜。周濂溪《太極圖說》始曰聖人定之以仁義中正而主靜。自註曰："無欲故靜。"然則主靜即無私欲。《樂記》言人生而靜不以為修養之道，至謂主靜，則有修養之意寓焉。主靜無異絕四，意必固我，皆私欲也，推之克己復禮，亦主靜也。自後學者喜言靜字，實濂溪倡之矣。

　　明道、伊川，並學於濂溪。明道知扶溝縣，游、謝諸子皆從學。明道曰："諸公在此，只是學某說話，何不去力行？"二子曰："某等無可行。"明道乃曰："無可行時，且去靜坐。若是不曾存養箇本原,茫茫然逐物在外,便要收斂歸來,也無箇著身處也。"此以靜坐為本原之修養。明道為學至粹,豈教子弟以閑工夫哉?伊川見人靜坐,每嘆其善學。謝上蔡亦曰:"近道莫如靜。齋戒以神明其德,天下之至靜也。"楊龜山亦游明道之門,其歸也,目送之曰:"吾道南矣。"明道歿,又從伊川游。龜山每曰:"學者當於喜、怒、哀、樂、未發之際,以心體之,則中之義自見,執而無失,無人欲之私焉,發必中節矣。"羅豫章名從彥,師事龜山最久,獨得其傳。李延平名侗,字愿中,學於豫章,嘗述豫章之說曰:"先生令愿中看未發時作何氣象,不惟於進學有方,亦是養心之要。"延平終身為學,皆以默坐澄心,體認未發時氣象為主。其教人曰:"為學不在多言,但默坐澄心,以體認天理。若真有所見,雖一毫私欲之發亦退聽矣。久久用力於此,庶幾漸明,講學始有力耳。"朱子師事李延平,始得程門之傳。先是伊川以濂溪至靜無欲之說太高,或非恆人所能及,乃揭出敬字為存心工夫。朱子私淑伊川,故亦以窮理居敬,為為學之要。然朱子亦有言靜坐者,如曰:"學者半日靜坐,半日讀書,如是三五年,必有進步可觀。"又曰:"明道、延平皆教人靜坐,看來須是靜坐。"又曰:"近覺讀書損耗目力,不如靜坐省察自己為有功,幸試為之,當覺其效也。"又曰:"昔陳烈先生苦無記性。一日讀《孟子》至'求其放心'一章,曰:'我放心未收,如何讀書能記?'乃獨處一室,靜坐月餘,自此讀書無遺。"以上並宋時靜坐之法,淵源於程門之大略也。

明時陳白沙嘗教人須靜中養出端倪。其自述為學曰:"僕年二十七,發憤從吳聘君<sub>與弼</sub>學,然未知入處。比歸白沙,專求所以用力之方。此心與此理未有湊泊脗合處也,於是舍彼之繁,求吾之約,惟在靜坐。久之然後見吾心之體,隱然呈露,常若有物。於是渙然自信曰：'作聖之功，其在茲乎？'有學於僕者，輒教之靜坐。蓋以吾所經歷，粗有實行者告之，非務為高虛以誤人也。"王陽明為學悟入工夫，亦由靜坐，嘗曰："日間工夫覺紛擾則靜坐。"陽明三十九歲，由龍場謫所擢知廬陵縣，歸途與門人靜坐僧寺，自悟性體，既別又致書與論之曰："前在寺中所云靜坐事，非欲坐禪入定也。蓋因吾輩平日為事物紛拏，未知為己，欲以此補小學收放心一段功夫耳。諸友宜於此處著力，異時始有得力處也。"陽明五十三歲時，門人劉君亮入山靜坐。陽明曰："汝若不厭外物，復於靜處涵養却好。"明儒之中，多言靜坐者。如高景逸曰："朱子謂學者半日靜坐半日讀書，如此三五年，無不進者。當驗之，一兩月便不同。學者不作此工夫，虛過一生殊可惜。"又曰："凡靜坐之方，喚醒此心，卓然常明，志無所適而已。志無所適，精神自然凝復。不待安排，勿著方所，勿思效驗。初入靜去，不知攝持之法，惟體貼聖賢切要之言，自有入處。至三日必臻妙境，七日則精神充溢，諸疾不作。"劉蕺山曰："學問宗旨，只是主靜。此處工夫，最難下手。姑為學者設方便法，且教之靜坐。"又曰："學固無間動靜，初學亦須謝事靜坐為法。"蕺山當明室傾覆，絕食死義。方絕食之際，終日惟靜坐，嘗語人云："吾日來靜坐小庵，胸中渾然無一事，浩然與天地同流，不覺精神之困憊。"蓋本來原無一事，凡有事皆人欲也，若能行其所無事，則人而天矣。

清初李二曲亦教人靜坐，或問冥目靜坐，反覺意慮紛拏，曰："此亦初學入手之常，惟有隨思隨覺，隨覺隨斂而已。然緒出多端，皆因中無所主。主人中苟惺惺，則閒思雜慮，何自而起。"又曰："進修之實，全貴靜坐，今之言靜坐者，曷嘗實實靜坐？全貴一切放下，今之言一切放下者，曷嘗實實放下？若果息萬緣纖毫不掛，久之則心虛理融，物來順應。亦猶塵垢既去，而鏡體常明，無所不照。"又或問得力之要，曰："其靜乎？"曰："學須該動靜，偏靜則恐流於禪。"曰："學固該動靜，而動則必本於靜。動之無妄，由於靜之能純，靜而不純，安保動而不妄。"昔羅旴江揭萬物一體之旨，門人謂如此恐流於兼愛。羅曰："子恐乎？吾亦恐也。心尚殘忍，恐無愛之可流。今吾輩思慮紛拏，亦恐無靜之可流。"二曲平生堅苦卓絕，其論學雖規模遠大，而歸本於靜。宋明以來儒學，多言主靜者矣。

夫修養之法雖多，不外動靜二種。修養法譬如藥方，因病下藥。偏於靜者，則告之以動之修養法；偏於動者，則告之以靜之修養法。二者固相資而不相妨也。

# 編後記

　　謝無量（1884~1964年），祖籍四川省樂至縣。原名蒙，字大澄，號希范，後易名沉，字無量，別署嗇庵。民國時期的學者、詩人和書法家。曾拜清末著名立憲派領袖湯壽潛為師，后入中國近代歷史上最早創辦的大學之一——南洋公學，與李叔同、黃炎培等為同學。曾擔任《蘇報》編輯、《京報》主筆，曾在廣東大學、東南大學、四川大學等校任教，又曾為孫中山先生參議、黃埔軍校教官等職。新中國成立后，任中國人民大學教授、中央文史館副館長等職。謝無量一生，積極支持社會先進思想，參與諸多社會進步活動，反對帝國主義的侵略；著書立說，在传承中國傳統文化的同時也宣揚進步思想，在學術、詩文和書法方面都可稱為民國時期的大家，對中國近現代文化的發展作出了積極的貢獻。

　　《國民立身訓》全書共包括"立志論""力行與勇氣""科學工藝發明家之模範""職業及處世""人格論""修養論"六編，從多個角度讲述做人治事的标准和原則。其中，既講故事、說道理，又聯繫古今中外的具體事例；不僅對民國時期的社會生活、青少年成長和人們的自我修養具有重要教育價值，也對當代讀者具有積極的啟發意義。

　　此次以中華書局1927年印行的《國民立身訓》為底本進行整

理：首先，將底本的豎排版式轉換為橫排版式，以適合今人閱讀；其次，在語言文字方面，在消除錯誤的前提下尊重底本原貌，未做任意改動，僅對原書有誤或有疑問之處，出以編者註，以供讀者參考；再次，在標點符號方面，中華書局于1927年印行的底本僅有句讀，故此次整理中，依據原稿文意對全書標註了現代漢語標點符號，以便於讀者閱讀和理解。

文　茜

2015年5月

# 《民國文存》第一輯書目

| | |
|---|---|
| 紅樓夢附集十二種 | 徐復初 |
| 萬國博覽會遊記 | 屠坤華 |
| 國學必讀（上） | 錢基博 |
| 國學必讀（下） | 錢基博 |
| 中國寓言與神話 | 胡懷琛 |
| 文選學 | 駱鴻凱 |
| 中國書史 | 查猛濟、陳彬龢 |
| 林紓筆記及選評兩種 | 林紓 |
| 程伊川年譜 | 姚名達 |
| 左宗棠家書 | 許嘯天句讀，胡雲翼校閱 |
| 積微居文錄 | 楊樹達 |
| 中國文字與書法 | 陳彬龢 |
| 中國六大文豪 | 謝無量 |
| 中國學術大綱 | 蔡尚思 |
| 中國僧伽之詩生活 | 張長弓 |
| 中國近三百年哲學史 | 蔣維喬 |
| 段硯齋雜文 | 沈兼士 |
| 清代學者整理舊學之總成績 | 梁啟超 |
| 墨子綜釋 | 支偉成 |
| 讀淮南子 | 盧錫烴 |

| | |
|---|---|
| 國外考察記兩種 | 傅芸子、程硯秋 |
| 古文筆法百篇 | 胡懷琛 |
| 中國文學史 | 劉大白 |
| 紅樓夢研究兩種 | 李辰冬、壽鵬飛 |
| 閒話上海 | 馬健行 |
| 老學蛻語 | 范禕 |
| 中國文學史 | 林傳甲 |
| 墨子閒詁箋 | 張純一 |
| 中國國文法 | 吳瀛 |
| 四書、周易解題及其讀法 | 錢基博 |
| 老學八篇 | 陳柱 |
| 莊子天下篇講疏 | 顧實 |
| 清初五大師集（卷一）·黃梨洲集 | 許嘯天整理 |
| 清初五大師集（卷二）·顧亭林集 | 許嘯天整理 |
| 清初五大師集（卷三）·王船山集 | 許嘯天整理 |
| 清初五大師集（卷四）·朱舜水集 | 許嘯天整理 |
| 清初五大師集（卷五）·顏習齋集 | 許嘯天整理 |
| 文學論 | ［日］夏目漱石著，張我軍譯 |
| 經學史論 | ［日］本田成之著，江俠庵譯 |
| 經史子集要畧（上） | 羅止園 |
| 經史子集要畧（下） | 羅止園 |
| 古代詩詞研究三種 | 胡樸安、賀楊靈、徐珂 |
| 古代文學研究兩種 | 羅常培、呂思勉 |
| 巴拿馬太平洋萬國博覽會要覽 | 李宣龔 |
| 國史通略 | 張震南 |
| 先秦經濟思想史二種 | 甘乃光、熊夢 |
| 三國晉初史略 | 王鍾麒 |

| | |
|---|---|
| 清史講義（上） | 汪榮寶、許國英 |
| 清史講義（下） | 汪榮寶、許國英 |
| 清史要略 | 陳懷 |
| 中國近百年史要 | 陳懷 |
| 中國近百年史 | 孟世傑 |
| 中國近世史 | 魏野疇 |
| 中國歷代黨爭史 | 王桐齡 |
| 古書源流（上） | 李繼煌 |
| 古書源流（下） | 李繼煌 |
| 史學叢書 | 呂思勉 |
| 中華幣制史（上） | 張家驤 |
| 中華幣制史（下） | 張家驤 |
| 中國貨幣史研究二種 | 徐滄水、章宗元 |
| 歷代屯田考（上） | 張君約 |
| 歷代屯田考（下） | 張君約 |
| 東方研究史 | 莫東寅 |
| 西洋教育思想史（上） | 蔣徑三 |
| 西洋教育思想史（下） | 蔣徑三 |
| 人生哲學 | 杜亞泉 |
| 佛學綱要 | 蔣維喬 |
| 國學問答 | 黃筱蘭、張景博 |
| 社會學綱要 | 馮品蘭 |
| 韓非子研究 | 王世琯 |
| 中國哲學史綱要 | 舒新城 |
| 中國古代政治哲學批判 | 李麥麥 |
| 教育心理學 | 朱兆萃 |
| 陸王哲學探微 | 胡哲敷 |

| | |
|---|---|
| 認識論入門 | 羅鴻詔 |
| 儒哲學案合編 | 曹恭翊 |
| 荀子哲學綱要 | 劉子靜 |
| 中國戲劇概評 | 培良 |
| 中國哲學史（上） | 趙蘭坪 |
| 中國哲學史（中） | 趙蘭坪 |
| 中國哲學史（下） | 趙蘭坪 |
| 嘉靖御倭江浙主客軍考 | 黎光明 |
| 《佛游天竺記》考釋 | 岑仲勉 |
| 法蘭西大革命史 | 常乃惪 |
| 德國史兩種 | 道森、常乃惪 |
| 中國最近三十年史 | 陳功甫 |
| 中國外交失敗史（1840~1928） | 徐國楨 |
| 最近中國三十年外交史 | 劉彥 |
| 日俄戰爭史 | 呂思勉、郭斌佳、陳功甫 |
| 老子概論 | 許嘯天 |
| 被侵害之中國 | 劉彥 |
| 日本侵華史兩種 | 曹伯韓、汪馥泉 |
| 馮承鈞譯著兩種 | 伯希和、色伽蘭 |
| 金石目錄兩種 | 李根源、張江裁、許道令 |
| 晚清中俄外交兩例 | 常乃惪、威德、陳勛仲 |
| 美國獨立建國 | 商務印書館編譯所、宋桂煌 |
| 不平等條約的研究 | 張廷灝、高爾松 |
| 中外文化小史 | 常乃惪、梁冰弦 |
| 中外工業史兩種 | 陳家錕、林子英、劉秉麟 |
| 中國鐵道史（上） | 謝彬 |
| 中國鐵道史（下） | 謝彬 |

| | |
|---|---|
| 中國之儲蓄銀行史（上） | 王志莘 |
| 中國之儲蓄銀行史（下） | 王志莘 |
| 史學史三種 | 羅元鯤、呂思勉、何炳松 |
| 近世歐洲史（上） | 何炳松 |
| 近世歐洲史（下） | 何炳松 |
| 西洋教育史大綱（上） | 姜琦 |
| 西洋教育史大綱（下） | 姜琦 |
| 歐洲文藝雜談 | 張資平、華林 |
| 楊墨哲學 | 蔣維喬 |
| 新哲學的地理觀 | 錢今昔 |
| 德育原理 | 吳俊升 |
| 兒童心理學綱要（外一種） | 艾華、高卓 |
| 哲學研究兩種 | 曾昭鏵、張銘鼎 |
| 洪深戲劇研究及創作兩種 | 洪深 |
| 社會學問題研究 | 鄭若谷、常乃惪 |
| 白石道人詞箋平（外一種） | 陳柱、王光祈 |
| 成功之路：現代名人自述 | 徐悲鴻等 |
| 蘇青與張愛玲 | 白鷗 |
| 文壇印象記 | 黃人影 |
| 宋元戲劇研究兩種 | 趙景深 |
| 上海的日報與定期刊物 | 胡道靜 |
| 上海新聞事業之史話 | 胡道靜 |
| 人物品藻錄 | 鄭逸梅 |
| 賽金花故事三種 | 杜君謀、熊佛西、夏衍 |
| 湯若望傳（第一冊） | ［德］魏特著，楊丙辰譯 |
| 湯若望傳（第二冊） | ［德］魏特著，楊丙辰譯 |
| 摩尼教與景教流行中國考 | 馮承鈞 |

| | |
|---|---|
| 楚詞研究兩種 | 謝無量、陸侃如 |
| 古書今讀法（外一種） | 胡懷琛、胡樸安、胡道靜 |
| 黃仲則詩與評傳 | 朱建新、章衣萍 |
| 中國文學批評論文集 | 葉楚傖 |
| 名人演講集 | 許嘯天 |
| 印度童話集 | 徐蔚南 |
| 日本文學 | 謝六逸 |
| 齊如山劇學研究兩種 | 齊如山 |
| 俾斯麥傳（上） | ［德］盧特維喜著，伍光建譯 |
| 俾斯麥傳（中） | ［德］盧特維喜著，伍光建譯 |
| 俾斯麥傳（下） | ［德］盧特維喜著，伍光建譯 |
| 中國現代藝術史 | 李樸園 |
| 藝術論集 | 李樸園 |
| 西北旅行日記 | 郭步陶 |
| 新聞學撮要 | 戈公振 |
| 隋唐時代西域人華化考 | 何健民 |
| 中國近代戲曲史 | 鄭震 |
| 詩經學與詞學 ABC | 金公亮、胡雲翼 |
| 文字學與文體論 ABC | 胡樸安、顧蓋丞 |
| 目錄學 | 姚名達 |
| 唐宋散文選 | 葉楚傖 |
| 三國晉南北朝文選 | 葉楚傖 |
| 論德國民族性 | ［德］黎耳著，楊丙辰譯 |
| 梁任公語粹 | 許嘯天選輯 |
| 中國先哲人性論 | 江恆源 |
| 青年修養 | 曹伯韓 |
| 青年學習兩種 | 曹伯韓 |

| | |
|---|---|
| 青年教育兩種 | 陸費逵、舒新城 |
| 過度時代之思想與教育 | 蔣夢麟 |
| 我和教育 | 舒新城 |
| 社會與教育 | 陶孟和 |
| 國民立身訓 | 謝無量 |
| 讀書與寫作 | 李公樸 |
| 白話書信 | 高語罕 |
| 文章及其作法 | 高語罕 |
| 作文講話 | 章衣萍 |
| 實用修辭學 | 郭步陶 |
| 古籍舉要 | 錢基博 |
| 錢基博著作兩種 | 錢基博 |
| 中國戲劇概評 | 向培良 |
| 現代文學十二講 | [日] 昇曙夢著，汪馥泉譯 |
| 近代中國經濟史 | 錢亦石 |
| 文章作法兩種 | 胡懷琛 |
| 歷代文評選 | 胡雲翼 |